LGBTQ+
性の多様性はなぜ生まれる？

—生物学的・医学的アプローチ—

国際基督教大学　小林牧人　著
佛教大学　　　　小澤一史　監修

恒星社厚生閣

LGBTQ+ How diversity of human brain sex develops?

From perspectives of Biology and Medical Science

はじめに

近年，LGBT，セクシュアルマイノリティ（性的少数者）という言葉が以前より社会で聞かれるようになってきました．セクシュアルマイノリティの差別はいけない，ということは言われるようになってきましたが，それではこのようなセクシュアルマイノリティの人たちとはどういう人たちなの？　なぜこういう人たちがいるの？　ということをきちんと説明できるマジョリティの人々は，一部の研究者を除き，ほとんどいないのではないでしょうか．

マジョリティの人々がマイノリティの人々のことを理解しなければ差別はなくならない，と著者は考えています．なぜならマジョリティがマイノリティを差別するからです．

また著者はこの本を書くにあたり，これまでに60冊ほどのセクシュアルマイノリティ，LGBTについての本を読みましたが，これらの本のほとんどは，いわゆる文科系の人によって書かれたもので，マジョリティ，マイノリティの性についての生物学的なこと，脳の性については説明されていませんでした．著者は20年以上大学の一般教育の生物学の講義でヒトの性の多様性がなぜできるのかということを生物学的に説明してきました．講義後の学生からのコメントシートに，「一番知りたかったことが説明された講義でした」，「こういう内容には踏み込んではいけないものと思っていましたが，講義を聴いてすっきりしました」，「講義を聴いてセクシュアルマイノリティの人に対する偏見がなくなりました」，と書いてくれています．うれしいことに,「うちの大学のすべての学生に聴いてほしい講義でした」,というコメントももらいました．また夏休みのオープンキャンパスで高校生向けにモデルレクチャーとして話をしたところ，その日のモデルレクチャーの中で，最も高校生からの反響が大きかった，と主催者に言われました．

一方，社会学のジェンダー研究の講義の中でゲストスピーカーとして呼ばれて，ヒトの性が胎児の発生過程でどのようにできてくるのか，という生物学的な話をしたことがあります．そのときの社会学を学ぶ学生からのコメントに,「ジェンダー研究と生物学が結びつくなんて考えたこともありませんでした」，そして,「それまでの自分の視野の狭さを認識しました」，というコメントが多くありました．どうも社会学，人文学ではセクシュアルマイノリティの研究はあっても，そもそもそのセクシュアルマジョリティ，セクシュアルマイノリティの生物学，医学といった科学的観点からの説明はほとんどされていないようです．もちろん一般的に大学の生物学の講義ではセクシュアルマイノリティの説明はされません．なぜかということは本書の本文で説明しますね．

私は講義の最初に，ヒトの心はどこにあるの？　ということから始めます．そう，心臓ではないよね．心は脳にあるんだよね．だからセクシュアルマイノリティの心を理解するには，脳についての知識がある程度必要だよね，と話を進め，そして講義の最後には，社会学のジェンダー研究の中でセクシュアルマイノリティについての研究をしたい人は，まずはヒトの「脳の性分化」について勉強してください，そうでないと，セクシュアルマイノリティの表面的なことしかわからないですから，と言って講義を終えています．

私は魚類の生物学が専門で，医師ではないので，講義では性別違和の治療方法などの話はしませんが，セクシュアルマイノリティに対する差別を減らすためには，セクシュアルマジョリティが性の多様性についての生物学的な側面をきちんと理解することが重要だと考えています．そしてセクシュアルマイノリティに対する差別が少しでも減ることを願ってこの本を書きました．

この本は，生物学研究者である小林が原稿を書き，医師，基礎医学研究者（神経解剖学）である小澤が医学的内容の監修をしてできたものです．本文中の私，というのは小林を指します．

2024年3月

小林牧人

目　次

用語対照表

本書では，基本的に動物学用語を用いていますが，同じ意味の事柄でも学問分野によって異なる単語を使うことがあります．本書では一部，医学用語も使っています．英語では同じ単語なのに，日本語ではそれに対応する訳語が学問分野によって違うんです．ちょっと混乱するかもしれませんね．参考までに各分野で使う用語をそれぞれ示しておきます．

英語	医学，薬学，獣医学，畜産学	動物学，水産学
gonad	性腺	生殖腺
gonadotropin-releasing hormone (GnRH)	性腺刺激ホルモン放出ホルモン， ゴナドトロピン放出ホルモン	生殖腺刺激ホルモン放出ホルモン
gonadotropin (GTH)	性腺刺激ホルモン	生殖腺刺激ホルモン
follicle-stimulating hormone (FSH)	卵胞刺激ホルモン	濾胞刺激ホルモン， ろ胞刺激ホルモン
luteinizing hormone (LH)	黄体形成ホルモン， 黄体化ホルモン	同左
spermatogonia	精粗細胞	精原細胞
spermatocyte	精母細胞	同左
spermatid	精子細胞	精細胞
spermatozoa	精子	同左
oogonia	卵祖細胞	卵原細胞
oocyte	卵母細胞	同左
ovum	卵子	卵
follicle	卵胞	濾胞，ろ胞，卵巣濾胞
estrogen	エストロゲン， 卵胞ホルモン， 女性ホルモン	エストロゲン， 濾胞ホルモン， ろ胞ホルモン， 雌性ホルモン
androgen	男性ホルモン	雄性ホルモン
human chorionic gonadotropin (hCG)	ヒト絨毛性ゴナドトロピン	ヒト絨毛膜性生殖腺刺激ホルモン

第1章　はじめにちょっと身体のことを考えてみましょう

私はセクシュアルマイノリティについて講義で説明をする際に，講義のはじめに次のような質問をします．芸能界では，生まれた時は男性の身体でしたが，その後，手術をして女性として活躍している人がいます．その人を仮にＡさんとしましょう．Ａさんには男性の恋人がいたとのことです．私は学生たちにＡさんは同性愛だと思いますか？　異性愛だと思いますか？　と聞きます．学生たちはちょっと困った表情をします．私のような60代の者が，同世代の友人にこの質問をすると，それは同性愛でしょ！　違うの？　と答えます．この質問の答えはあとで説明しますね，と言って講義を進めていきます．この本でもこのことについては，あとで説明しますね（第6章）．講義での次の質問は，心は身体のどこにありますか？　という質問をします．一部の学生は心臓ではないの？　ということを言いますが，心臓ではないですね．心は脳にあるんですよね．脳の大脳皮質に私たちの心（意識）をつくる神経回路があります．脳の中でも性にかかわる部分は脳の大脳皮質と脳の下の方にある視床下部という部分です．脳にはたくさんの神経細胞，グリア細胞，血管があります．いくつかの神経細胞が集まり神経回路をつくり，脳のさまざまなはたらきをつくりだします．特に神経細胞がたくさん集まった部分を神経核と言います．

◆　◆　◆

ここで少し脳のはたらきをみてみましょう．脳はいろいろなはたらきをします．刺激を感じる，身体を動かす，ものごとを考える，感情をあらわす，などいろいろなはたらきをします．

ここで脳のはたらきを大きく2つに分けると，脳が意識的に，何かを感じて，自分の意志で何かを考えてはたらく場合と，脳が無意識にはたらく場合があります．物を観たり，音楽を聴いたり，身体を動かしたりという活動は，脳が意識をして行われます．それから自分の「心」というのも自分の意識でできているものです．ちょっとわかりにくい？

それでは，無意識のはたらきのほうをみてみましょうか．皆さんは，食べ物を口に入れたら食べ物を意識的に口から喉（のど）へと飲み込みます．飲み込むところまでは意識的に行われます．そして食べ物が食道に入ると，ここから先は無意識に身体がはたらいて消化・吸収が行われます．食べ物を意識的に飲み込むと，次に食道の蠕動運動（ぜんどううんどう）により無意識に食べ物は下に下がり，胃に入ります．食道，胃は食べ物が来るとそれを感じて蠕動運動を始めます．皆さんの中で，胃の中に食べ物が入ったということを感じる人はいますか？　自分で胃を動かすことができる人，いますか？　自分で腸を動かすことができる人，いますか？いないですよね．これは食道，胃および腸に食べ物が来ると，食べ物の存在を感じて，その情報が脳に伝わるということです．しかしその情報は脳の大脳皮質ではないところに届きます．ですから我々の意識には残りません．そして脳の神経回路から指令が出て，食道，胃および腸に蠕動運動をさせます．それは大脳皮質ではないところの脳の神経回路が指令を出して，無意識に栄養物の消化・吸収活動をやってくれるんです．すごいですね．おそらく，人間はすべての活動を意識的に行っていたら脳が疲れてしまうので，動物の進化の過程で脳は意識的なはたらきと無意識なはたらきを分業するようになったのかもしれませんね．うまくできていますね．

◆ ◆ ◆

生物学では意識的にはたらく神経系を体性神経系，無意識にはたらく神経系を自律神経系と呼びます．自律神経系は，私たちが起きている時も，眠っている時もはたらいてくれています．

第2章　動物の性と生殖

私は生物学者なので，ヒトの性の話に入る前に，動物の性と生殖の話をはじめにしておきたいと思います．地球上ではいろいろな動物がさまざまなやり方で仲間を殖やしています．生殖には無性生殖と有性生殖があります（図1）．無性生殖には体の一部分から少し小さめの新しい個体ができて仲間を殖やすやり方があります．また体が半分に分かれて1匹の動物が2匹になることもあります．この場合，新しくできた個体と元の個体，2つに分かれた個体同士は同じ遺伝子をもち，遺伝的にクローンということになります．新しくできた個体は元の個体のコピーともいうことができます．

◆　◆　◆

一方，有性生殖では，生殖細胞という特別な細胞ができて，それらが合体して新しい個体ができます．多くの場合，卵（卵子）と精子が合体（受精）して新しい個体ができます．この場合，お父さんの遺伝子を半分，お母さんの遺伝子を半分もらって新しい独自の個体ができます．ですから，子どもは親に似ていますが，コピーではありません．また子どもは社会的に親の所有物でもありません．親は子どもの人格を尊重すべきです．

◆　◆　◆

それでは，同じ夫婦から女の子が2人生まれたとします．同じ夫婦から生まれたのだから，この姉妹はまったく同じ顔になるのではないかとも思いますが，そうはなりませんね．なぜでしょう．同じ夫婦から生まれた子どもでも，子どもごとに遺伝子は異なります．どうしてでしょう？　考えたことありますか？　興味のある人はなぜそうなるのか調べてみてください．面倒くさいと思ったら，何もしなくてかまいません．

◆ ◆ ◆

それでは次に，同じ夫婦から子どもが何人か生まれた時，女の子の場合と男の子の場合があります．同じ夫婦から生まれた子どもは，同じ顔にならないばかりか，同じ性になるともかぎ

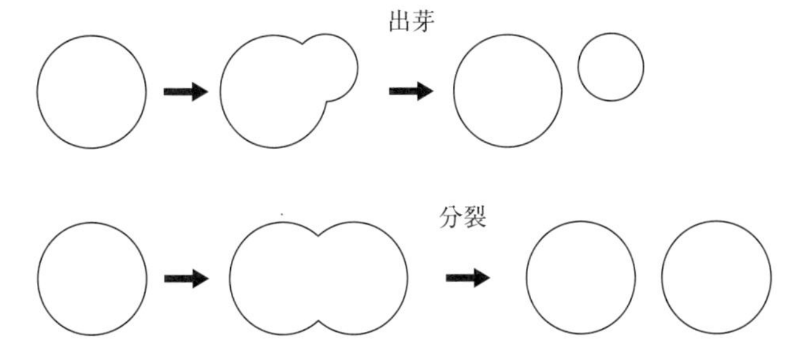

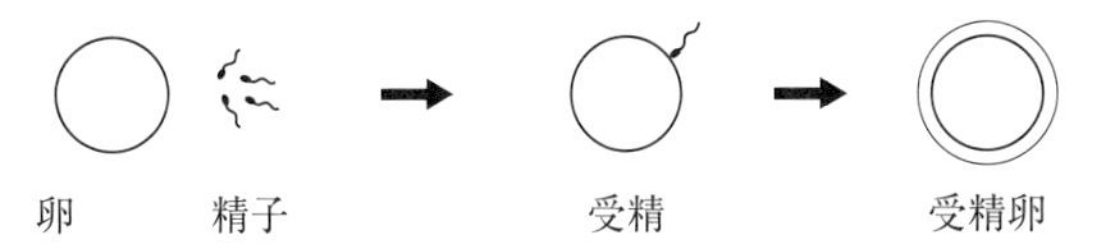

図１　無性生殖と有性生殖

無性生殖では体の一部から新しい個体が，あるいは個体が2つに分裂して1個体が2個体になり，仲間の数が殖えていきます．一方，有性生殖では多くの場合，卵と精子が合体（受精）して新しい個体ができます．

りません．どうしてでしょう？　これはあとで説明しますね（第５章）．

第3章　性転換する魚たち

私は魚の生物学が専門なので，どうしても魚のおもしろい性質をみなさんに知ってもらいたいと思い，ここでは少し魚の性の話をします．魚に興味のない人はとばしてもらってもかまいません．しかし，何か1つの物事の理解を深めるときに，そのことだけでなく，他のものと比較すると知りたいことの理解が深まります．たとえば日本史を学ぶときに，同時に世界史を学ぶと日本史の理解が深まるでしょう．そういう意味でここでは魚とヒトを比較するのもありかと思います．

◆　◆　◆

魚の仲間には，一生のうちに性を変える魚がいます．いわゆる性転換魚類です．哺乳類では考えられないようなことですが，魚には自分で性を変えるものがけっこうな種類，いるんですよ．知ってましたか？

海水魚のクロダイはどんな魚かわかりますか？　おめでたいときに食べる赤いのがマダイで，形はそっくりだけど色が黒いのがクロダイです．体長は30 cmくらいまで大きくなります．この魚は2歳までみな雄です．精巣が発達して，雄としての性行動（放精行動．哺乳類では射精という）を行います．3歳になると精巣が退縮し，卵巣が発達して雌になります（図2）．そして若い雄を相手に雌としての性行動（放卵行動．産卵行動ともいう）をします．はじめが雄であとで雌になる性転換ですが（雄性先熟という），クロダイとは逆のパターンの性転換をする魚もいます．

クエというハタの仲間は高級食用魚で大きさは120 cmくらまで大きくなります（図2）．この魚は，はじめが雌で6，7歳で体が大きくなると，雄になります（雌性先熟という）．一生のうちに性が変わる魚がいるって，知ってました？

このように同じ体で異なる時期に異なる性になる魚を隣接的雌雄同体といいます．

クロダイ，クエは年齢で性が変わります．それに対して社会的序列で性が変わる魚もいます．これも隣接的雌雄同体です．

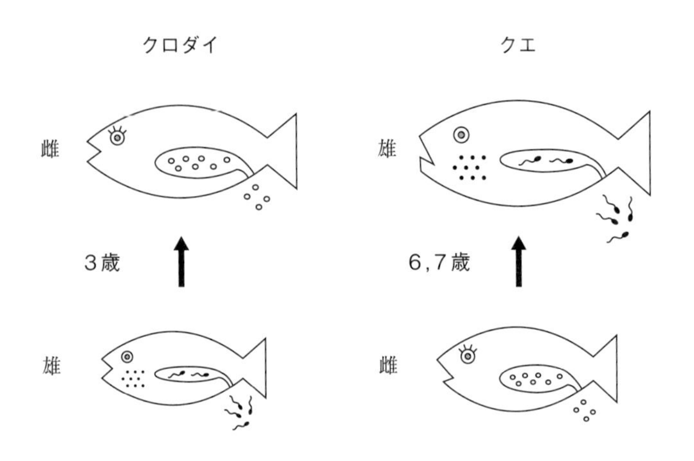

図2　年齢で性が変わる性転換魚

魚のクロダイは2歳までみな雄で雄としての性行動（放精行動）を行い，3歳になると精巣は退縮して，卵巣が発達し，雌としての性行動（放卵行動）をとるようになります．ハタの仲間のクエという魚は6，7歳までみな雌で，7，8歳で雄になります．これらの魚は年齢で性が変わります．

キュウセンというベラの仲間の魚は，大きいもので 30 cm くらいに成長します（図３）．関東ではあまり食用としませんが，関西では好まれて食されている魚です．この魚は 7，8 匹くらいの社会的グループ（ハーレム）を作ります．一番体の大きな魚が雄で，グループリーダーです．雄は仲間の魚を外敵から守ります．このグループでは，リーダーが雄で，それ以外のメンバーはこの雄より体が小さく，すべて雌です．リーダーの雄は複数の雌と性行動を行います．そしてこのリーダーの雄が病気で死んだり，人に釣られていなくなるとどうなるのでしょうか．一番体の大きな雌が雄に性転換をして，新しいグループリーダーになるんです！！！　リーダーとしての行動は，雄がいなくなってから数時間後に始まり，1 週間くらいすると卵巣はなくなり，精巣ができて，体の色，模様も雄型になります．おもしろいですね．大変身です．ヒトは会社や大学で昇進しても性は変わりませんよね．態度はデカくなるかもしれませんが．

◆◆◆

キュウセンとは逆のタイプで雌がグループリーダーになる魚種もいます．ディズニーの映画，「ファインディング・ニモ」のモデルになったカクレクマノミがそうです（図３）．一番体の大きな雌がグループリーダーで，その下位の魚が雄で，その下にいる子どもはまだ性的に未熟で生物学的には雄でも雌でもありません．映画では「ニモ」は子どもで男の子という設定になっていました．映画では，お母さんがオニカマスという肉食魚に食べられてしまいます．グループリーダーがいなくなります．そしてお父さんとニモが離ればなれになってしまいます．映画では苦難の道を乗り越えてニモとお父さんは再会するんですが，生物学的には，ニモがお父さんにあった時，「あっ，お父さん」と思ったら，お父さんはお母さんになっていた，ということになります．そしてニモは昇格して雄になっているわけです．映画ではこのような生物学的な設定にはなっていませんが．もう１つ味気ない生物学的解説をすると，お母さんとお父さんは本当に夫婦ですが，そこにいる子どもは，親子の血縁関係はありません．どこかよそで生まれた子どもが流れ着いて，この夫婦のもとで暮らすのが普通だそうです．だから映画のニモと母，父は生物学的には親子ではないのです．がっかり？

◆ ◆ ◆

性転換魚類の４つの例をあげましたが，そこには私が次の話に進むためのこだわりがあるのです．性転換魚類は一生のうちに雌型の性行動と雄型の性行動の両方の性行動を行います．人生２倍楽しい？（魚だから魚生？）．それにしてもこの魚たちの頭，ちょっとおかしい？　なんでそんなことができるの？他の魚はそんなことしないですよね．哺乳類では起こりえない？　それではこれらの魚の脳のことを考えてみましょう．

これらの魚の脳には，雌型の性行動を制御する神経回路と雄型の性行動を制御する神経回路の２つの性の神経回路をもっていると考えられます．まだ実際にその神経回路が脳のどの部位にあるかはわかっていませんが．これらの性転換魚類は，自分が雌としてふるまうときは，脳の雌型の神経回路がはたらき，雄として行動をとるべき時は，脳の雄型の神経回路がはたらきます．おもしろいですね．性転換魚類は脳がハードウェアのレベルで両性なんですね．

でもヒトを含む多くの哺乳類では，こういうことはふつうはできません．雌には雌型の脳があり，その脳は雌型の性行動を制御することはできますが，雄型の性行動を制御する神経回路はないので，雄型の性行動はできません．同様に雄には雄型の脳があり，雌型の性行動を起こさせる神経回路はないので，雌型の性行動はできません．多くの場合，一方の性の神経回路しかないのです．

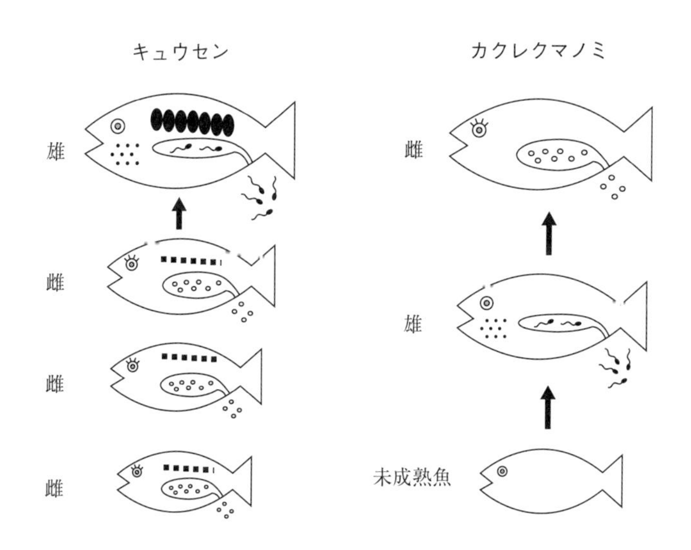

図３　社会的序列で性が変わる性転換魚
ベラの仲間のキュウセンという魚は一番体の大きな魚が雄で，7, 8匹くらいの魚からなるグループのグループリーダーです．雄より体の小さい魚はすべて雌です．雄はこれらの雌と性行動をします．グループリーダーの雄が何らかの理由でいなくなると，一番体の大きな雌が雄に性転換して新しいグループリーダーになります．雌は雄がいなくなってから数時間後に雄のような行動をとり始め，1週間くらいで卵巣は精巣に変わり，身体の色，模様も雄型になります．カクレクマノミのグループリーダーは雌で，雌がいなくなると雄は雌に性転換して，未成熟魚は雄になります．

◆ ◆ ◆

その他に脳が制御する雌雄の特徴に，性周期をつくれるか，ということがあります．雌雄の性行動の神経回路は大脳皮質にあり，意識的に行われますが，性周期を制御する神経回路は視床下部と呼ばれる場所にあります．大脳皮質ではありません．雌にはここに性周期を制御する神経回路があり，脳下垂体から周期的に黄体形成ホルモン（黄体化ホルモン，LH）の大量放出が起こります．黄体形成ホルモンは血液の流れに乗って卵巣に達し，卵巣で排卵が起こります．これは無意識に起こります．意識的に好きな時に排卵，月経を起こすことができる人はいますか？　おそらくいないでしょう．一方，雄には，視床下部に性周期を制御する神経回路がありません．したがって，脳下垂体から黄体形成ホルモン（LH）はだらだらと少量持続的に放出され，精子形成がなされます．

コラム1　まだまだあるおもしろい魚の仲間たち

本文で紹介した4種類の性転換魚類の他に，魚にはおもしろい生殖機能をもつものが他にもいます．魚に興味のない人はこのコラムはとばしてもらってもかまいません．

オキナワベニハゼという体長8cmくらいの海にすむハゼは，パートナーの体の大きさに応じて何度も自分の性を変えることができます（図4）．こういう性転換魚類を双方向性転換魚類と言います（これも隣接的雌雄同体の一種です）．パートナーの体長が自分より大きいと自分は雌になり，パートナーの体長が自分より小さいときは，自分は雄になります．実験水槽の中で，異なる体長のパートナーをとっかえひっかえ入れてやると，このハゼは雌と雄をいったりきたりします．すごいね．私の３度目の結婚，ではなく，私が３度目の雌だった時，という人生（魚生？）が送れるわ

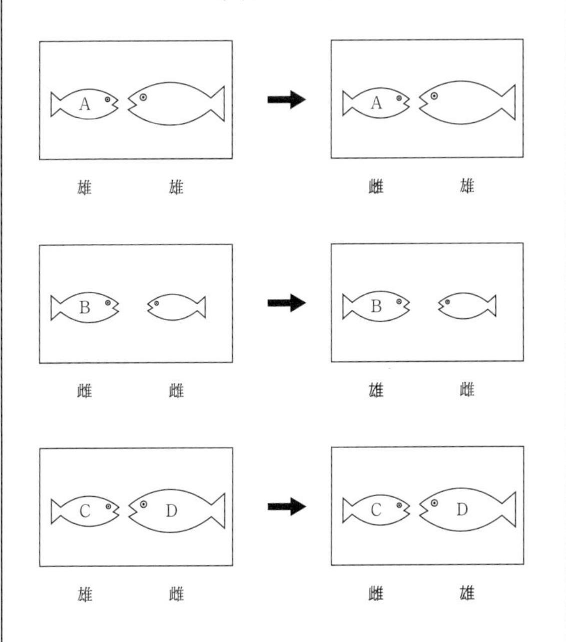

図４　双方向性転換魚のオキナワベニハゼ
2匹の雄のオキナワベニハゼを水槽に入れると，小さいほうの雄（A）が雌になります．2匹の雌を入れると，大きいほうの雌（B）が雄になります．小さい雄（C）と大きい雌（D）を水槽に入れると，両方が性転換します．

けです．ヒトにたとえると，そのときの状況に応じてどちらの性に対しても惹かれるから，バイセクシュアル？　それとも，雌雄両方の性自認が入れ替わるのでジェンダーフルイド？　残念ながら，魚とヒトは会話ができないので，魚の気持ちを確かめることはできません．体が大きければ雄，小さければ雌というのは，言葉で表すと差別的だ，と言う人がいますが，これは生物学的な「事実」であり，生物学，科学では事実として取り扱います．

またカリブ海にすむ体長8cmくらいのセラナスというハタの仲間は，卵巣と精巣が同時に発達します(図5)．ですからこの魚には雌，雄というのはなく，両性です．こういう魚は同時的雌雄同体といいます．卵と精子が同時にできますが自家受精はしません．パートナーをさがします．そして，自分が卵を出すと相手は精子を出し，自分が精子を出すと相手は卵を出す，という性行動をします．このように相手に精子を与えて相手の卵を受精させ，相手から精子をもらって自分の卵を受精させる様式は，ミミズの仲間にも見られます．このような動物は，1匹の個体が雌の性質，雄の性質の両方をもつので，個体には雌，雄という区別はなく，みな両性です．

さらに驚くべきことに魚には，自家受精する魚がいます．マングローブキリフィッシュといって，自分の体の中で卵巣と精巣が発達して，受精卵を産卵します．パートナーはいりません．性行動もしません．なんてさびしい人生でしょう，と私は思いますが，そんなことは人の（魚の？）勝手でしょ，ですね．この魚も両性，同時的雌雄同体です．

もう1つ，私のキンギョの性行動の研究について紹介します．キンギョは通常，性転換しないのですが，私の師匠のNorm Stacey先生（カナダ・アルバータ大学）があるホルモンを雄に注射したら，数分のうちにその雄は雌型の性行動をするということがわかりました．すごいですね（**図6**）．ここでそのホルモンを

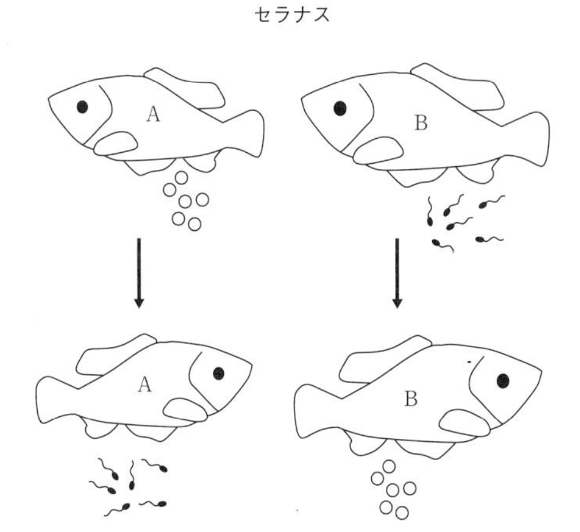

図5　両性魚のセラナス

カリブ海にすむハタの仲間のセラナスという魚は卵巣と精巣が同時に発達する両性魚です．産卵行動の際，Aが卵を出すとBは精子を出して受精が起こります．そしてそのすぐ後に，Aは今度は精子を出します．そうするとBは卵を出して受精が起こります．このように2匹の魚は交互に卵と精子を出して受精が起こります．上段の産卵行動で生まれた子どもにとって，Aはお母さんになりますが，次の行動で生まれた子どもにとってAはお父さんになるわけですね．おもしろいですね．でもよく考えてみたらこういうことは，クロダイ，クエ，キュウセン，カクレクマノミでも起こるわけですね．

仮にホルモンAと称し，ホルモンを注射された雄をA雄と呼びましょう．A雄は正常雄と雌型の性行動をしますが，おなかの中は精巣なので，卵は出しません．一方，私がStacey先生のところで研究員として研究をしているとき，雌にあるホルモンを投与すると2～3日で雄型の性行動をするようになることがわかりました．そのホルモンをホルモンBとし，その雌をB雌と呼びましょう．B雌は正常雌と雄型の性行動をしますが，おなかの中は卵巣なので，精子は出しません．ホルモンA，ホルモンBは，性行動の変化を

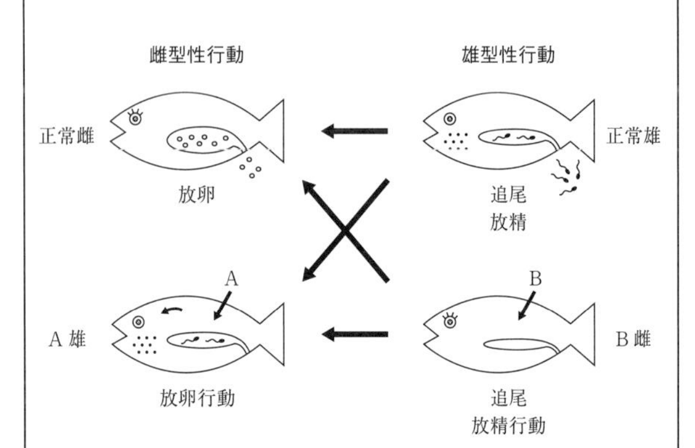

図6　キンギョのホルモンによる性行動の転換
キンギョの雄は雌に対して追尾（ついび，追いかけること）と雌が放卵をしたときに放精を行います．雄にAというホルモンを与えるとこの雄は雌型の性行動を行います．雌同様の放卵行動を行いますが，おなかの中は精巣なので，卵は出ません．雌にBというホルモンを与えるとこの雌は雄型の性行動を行います．雄同様の追尾，放精行動を行いますが，おなかの中は卵巣なので，精子は出ません．ホルモンの効果は行動だけに現れ，生殖腺の性は変化しません．

起こしましたが，生殖腺（性腺）には影響を与えませんでした．

こういうホルモンによる性行動の逆転ができると，次のような組み合わせの性行動を行わせることができます．A 雄が雌型の性行動を行い，B 雌が雄型の性行動を行うという，雌雄逆転の性行動です．キンギョの潜在能力，すごいでしょ！

これらの実験結果から，通常，キンギョは性転換しないのだけれど，潜在的に脳には雌雄両方の性行動を制御する神経回路をもっている，ということがわかります．キンギョは通常，片方の性の神経回路しか使いませんが，私がホルモンを注射すると，眠っていたもう一方の神経回路が起きてきます．キンギョの秘めたる力です．私のキンギョたちは，人生２倍楽しんでくれたかな？　さらに興味深いことに，キンギョはホルモンの作用によって，本来の性の性行動，他方の性の性行動を短時間（分単位の時間で）で交互に行うことができます．この眠っていたもう一方の神経回路があることをきっかけに起きてくる，ということを頭のすみに入れておいてください．キンギョはカリブ海のハタの仲間と同じことができるんですね．脳の神経回路はよくコンピューターのシステムにたとえられますが，キンギョは雌も雄も頭の中にマッキントッシュとウィンドウズの両方のシステムをもっているようなものです．通常は片方のシステムしか使いませんが私がマッキントッシュとウィンドウズのどちらのソフトウェア（ホルモン）を与えても，キンギョの脳のシステムは作動してくれます．

第４章　哺乳類の脳の性

魚の話はもう飽きたかもしれないので，哺乳類の話に入りましょう．ヒトを含む哺乳類の性についてです．これまでに魚を例にあげて，一生のうちに雌雄両方の性行動を行う動物を紹介してきました．これらの動物は雌雄両方の性行動を制御できる脳をもっていると考えられます．しかし，ヒトを含む哺乳類ではこのようなことは起きません．それはなぜでしょうか？　当たり前すぎて考えたこともなかった？　哺乳類は通常，雌雄一方の性の性行動しかしません．それはなぜでしょうか．キンギョのようにできるけどしないのでしょうか．それともできないからしないのでしょうか．通常，哺乳類は１つの性の性行動しかできないのです．

哺乳類では，胎児の発生過程において，「脳の性分化」が起こり，脳は多くの場合，雌型，雄型のどちらかの脳に分化（固定）されます．脳に雌型の神経回路，雄型の神経回路のどちらか一方ができるということです．そして一度分化した脳の性は，生涯変わりません．

この脳の性というのはどういうものでしょうか．前にも述べたように，脳にはさまざまなはたらきがあります．その中で，脳の性が決まると，その脳の性によって決まったはたらきが起こります．雌型の脳，雄型の脳で，異なるはたらきが生じます．脳の性によって決まるはたらきはヒトの場合，性自認（gender, gender identity），性的指向（sexual orientation）および性周期（sexual cycle）の３つです．性自認とは，自分を女と思うか男と思うか，という意識です．性的指向というのは，どちらの性に惹かれるか，という意識です．性周期については前にも述べましたが，意識的なものではなく，脳下垂体からのホルモン分泌を周期的に起こせるかどうか，ということです．

ネズミの性行動（交尾）は図７のように，雄が雌の上に乗り（マウンティング），雌は背中をそりかえらせて（ロードーシス）行われます．通常，雄は雄型の性行動を，雌は雌型の性行動をします．それぞれ雌雄，逆の性行動はしません．なぜなら雌は雌型の脳をもち，雌型の性行動を制御する神経回路はあり

図７　ネズミの性行動と脳の性

雌は雌型性行動（ロードーシス）を行い，性周期があります．雄は雄型性行動（マウンティング）を行い，性周期はありません．この違いは，脳の性の違いによって生じます．

ますが，雄型の性行動を引き起こす神経回路はもっていません．また雄は雄型の脳をもち，雄型の性行動を制御する神経回路はありますが，雌型の性行動を引き起こす神経回路はもっていません．雌は性周期を起こす神経回路をもちますが，雄にはそれがありません．ネズミ自身が自分の性をどちらだと思っているかという性自認については，残念ながらヒトとネズミは会話ができないのでわかりません．性行動のパターンから推測します．このあとは，脳の性が胎児のときにどのようにできていくのか，説明をしていきますね．

コラム２　ジェンダーという言葉の意味

ジェンダーという言葉は使われる分野によって意味が異なります．大きく以下の４つに区分されますが，歴史的に古い順番からみていきましょう．

1. 言語学における性．ラテン語系の言葉には性があります．ここでの性は gender です．sex ではありません．名詞に女性名詞と男性名詞があります．たとえばフランス語で「海」は女性形の単語で，la mer です．la は女性形の単語に使われる定冠詞で，男性形の定冠詞では le です．不定冠詞は，女性形，男性形がそれぞれ une と un です．どういうものが男性名詞でどういうものが女性名詞なのか，どういう法則があるのか，日本人である私にはよくわかりませんが，フランス人の友人にこの法則性のことを尋ねたら，なんとなくわかるでしょ！　とのことでした．イタリア語，スペイン語にも名詞に性があります．

2. 生物学においての性は，gender も sex もほぼ同義です．ただし使い方として，外から見える性的性質には gender も sex も使いますが，体の内部の性的なものには，sex を使い，gender は使いません．外から見える性的性質としては，性行動，二次性徴などです．体内の性的なものとしては，生殖腺（性腺），遺伝子などです．これは厳密なルールではなく習慣です．

3. 医学においては，gender は特別な意味に使われます．自分を女と思うか，男と思うかという「性自認」を意味します．社会学でいう gender と区別するために，あえて gender identity と表記する場合があります．また医学では，社会学の gender との混乱をさけるために社会学の意味する gender を gender role と表記して区別することがあります．本書では，特別に断らない場合，ジェンダー，gender は，性自認を意味して使います．

4. 1950 年代までのアメリカでは男と女の区別は sex と呼ばれていました．1960 年代から 1970 年代にかけて，社会学において sex に加えて gender という言葉が使われるようになってきました．sex が指すものは固定的であるのに対して，gender が表す事柄は流動的なものであるとのことです（吉井奈々・鈴木健之　2018）．社会学での gender の意味は，gender role を意味します．日本語では性別役割と言います．いわゆる女らしさ，男らしさを意味し，社会的，文化的に形成された性的なものを意味します．ですからその価値観は時代とともにかわります．

たとえば江戸時代の日本の男性はちょんまげを結うことが男らしいとされたかもしれませんが，日本の時代，文化が変われば，男らしさの基準も変わりますよね．このように gender の示すことは社会学では流動的と考えるそうです．

本書では，生物学，さらには医学という「科学の視点」から性の多様性を論じていますので，言葉についても冷静，かつ正確に考えていきたいと思います．

コラム３　性自認と性的指向の定義

性自認と性的指向の説明を簡単に書きましたが，3つの団体がこれらの言葉の定義をしています．それらの説明をここに引用しますね．

LGBT 法連合会（一般社団法人　性的指向および性自認等により困難を抱えている当事者等に対する法整備のための全国連合会）では

「性自認：自分の性別をどのように認識しているかを示す概念」
「性的指向：恋愛や性的関心がどの対象の性別に向くか向かないかを示す概念」
と定義されています（神谷，2022）．

それでは，日本の国としてはどのような定義をしているでしょうか．2023 年 6 月 23 日に，「性的指向及びジェンダーアイデンティティの多様性に関する国民の理解の増進に関する法律」という法律が公布・施行されました（法律第六十八号）．この法律の第二条では次のような定義がなされています．

「『ジェンダーアイデンティティ』とは自己の属する性別についての認識に関する同一性の有無又は程度に係る意識をいう．『性的指向』とは恋愛感情又は性的感情の対象となる性別についての指向をいう」

https://www8.cao.go.jp/rikaizoshin/index.html

また国際人権法学者たちによる「ジョグジャカルタ原則」によると

「性自認：身体に関する個人の感覚（自由選択の結果としての医学的，外科的または他の手段による身体的外観または機能の変更を含む），ならびに，服装，話し方および動作などその他のジェンダー表現のような，出生時に与えられた性と合致する場合もあれば合致しない場合もある，一人ひとりが心底から感知している内面的および個人的なジェンダー経験をいう」

「性的指向：異なるジェンダーまたは同一のジェンダーまたは1つ以上のジェンダーの個人に対する一人ひとりの深い感情的，情緒的および性的な関心の対象範囲，ならびに，それらの個人との親密なおよび性的な関係をいう」，とのことです（神谷，2022）．

私個人としては始めの2つはわかるのですが，3番目のジョグジャカルタ原則の定義はジェンダーが何を意味しているのかよくわからないので，結果として定義の意味がよくわかりませんでした．

第5章　性のレベル

一口に性と言っても，身体のどの部分について雌型か雄型か，という身体の個々のパーツについて，雌型か雄型かという見方ができます．言い換えると性には様々なレベルがあるということです．ある人の外見だけでその人が女性か男性かということは，なかなか決められません．性のレベルは図8に示したように，遺伝的性（遺伝子の性とも言う），生殖腺（医学では性腺）の性，生殖器官（生殖器，性器）の性，脳の性，二次性徴，社会的性に分けられます．ここでは遺伝的性から二次性徴まで順番に，身体の各レベルの性がどのように決まっていくのか説明

1．遺伝的性 Genetic sex （性染色体がXかYか）
2．生殖腺（性腺）の性 Gonadal sex （X→卵巣、Y→精巣）
3．生殖器官（生殖器、性器）の性 Sex of reproductive organ （男性ホルモンの有無）
4．脳の性 Brain sex （男性ホルモンの有無）
5．二次性徴 Secondary sexual characteristic （女性ホルモン、男性ホルモン）

図8　性のレベル（哺乳類）
哺乳類の性には様々なレベルの性があります．かっこの中はそれぞれの性を決める要因です．

をしていきます．なお社会的性については，学問分野によって意味が異なりますので，本書では説明を省略します．

◆ ◆ ◆

身体の中で最初に決まるのが，遺伝的性です．ヒトの細胞の核の中には46本の染色体があります（図9）．染色体の長さは少しずつ違いますが，同じ長さのものが2本ずつあるので，それらを1組とすると，ヒトの染色体は23組あるということになります．1組の同じ長さの2本の染色体のうちの1本はお母さん由来（卵細胞由来），もう1本はお父さん由来（精子由来）です．22組の染色体は常染色体といって，1組の染色体は同じ長さ，同じ形をしています．ところが23組目の染色体は，女

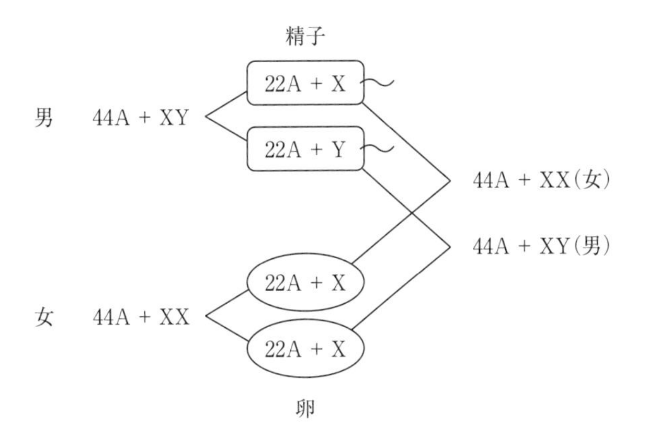

図9　遺伝的性の決定機構
精子，卵は親の半分の遺伝子，半分の本数の染色体をもちます．

性と男性で少し様相が異なり，この1組は性染色体と呼ばれています．女性の場合，X型の形をした同じ長さの性染色体が2本あります．1本はお母さん由来，もう1本はお父さん由来ですが，どちらもX型をしています．一方，男性の性染色体は，1本はお母さん由来でX型をしていますが，もう1本はお父さん由来で少し小型のY型の形をしています．

◆ ◆ ◆

お母さんが卵（医学では卵子）をつくるとき，お父さんが精子をつくるとき，どちらも減数分裂といって，染色体の数を半分にするプロセスが起こります．そうしないと卵と精子が受精した時に，その子どもの染色体は92本になって異常な受精卵になってしまいます．卵細胞が染色体の数を半分にするとき，常染色体を22本にして，23組目の性染色体を1本にしますが，性染色体は2本ともX型なので，2本のうちのどちらを選んでも卵の性染色体はX型になります．

一方，精子ができるときは，23組目の性染色体にはX型とY型の染色体があります．その結果，X型の性染色体を運ぶ精子とY型の性染色体を運ぶ2種類の精子ができます．卵とX型の性染色体を運ぶ精子が受精すると，受精卵の性染色体はXXとなり，卵とY型の性染色体を運ぶ精子が受精すると，受精卵の性染色体はXYとなります．ここでXX型の性染色体をもつ受精卵は遺伝的に雌型で，将来胎児は女の子になります．一方，XY型の性染色体をもつ受精卵は遺伝的に雄型で，将来胎児は男の子になります．これが「遺伝的性」です．

◆ ◆ ◆

次に生殖腺（性腺）の性について説明します．胎児の生殖腺ははじめのうち未分化で，卵巣にも精巣にもなる潜在能力があります（図 10）．受精卵の性染色体が XX 型の場合，生殖腺は特別な刺激を受けず，生殖腺は卵巣になります．これが基本型（デフォルト）です．一方，受精卵の性染色体が XY 型の場合，Y 染色体に *SRY* 遺伝子という X 染色体にはない遺伝子があります．この遺伝子は，未分化の生殖腺にはたらきかけて，生殖腺を精巣に分化させます．このようにして「生殖腺の性」が決まります．

◆ ◆ ◆

次に生殖器官（生殖器，性器）の性についてです（図 11）．XX 型の性染色体をもった胎児の生殖腺は卵巣になりますが，このとき卵巣は，女性ホルモンも男性ホルモンも作りません．胎児の生殖器官はどちらの性の生殖器官にも分化できるように

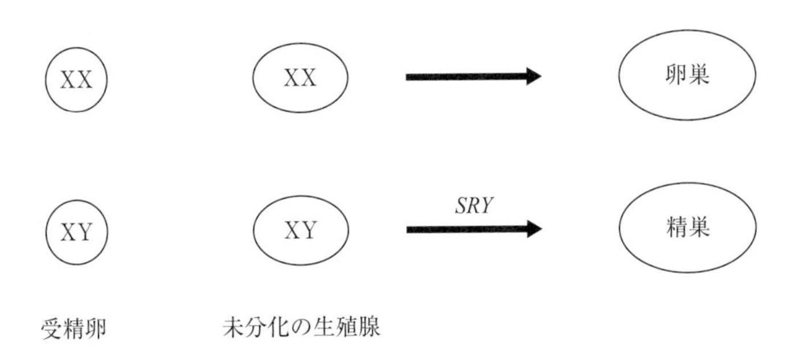

図 10　生殖腺（性腺）の性の決定機構
性染色体が X の場合，生殖腺（性腺）は自動的に卵巣になります．
生殖腺（性腺）の基本型は卵巣です．
Y染色体には，生殖腺（性腺）を精巣にする遺伝子（*SRY*）があります．
この遺伝子（*SRY*）が働くと生殖腺（性腺）は精巣になります．

なっていますが，性ホルモン（女性ホルモンと男性ホルモン）のない状況では，ミュラー管は残り輸卵管になります．ウォルフ管は性ホルモンのない状態では退縮してしまいます．その他に子宮，膣，陰核，陰唇が自動的にできてきます．生殖器官は雌型が基本型です．一方，XY 型の性染色体をもつ胎児は *SRY* 遺伝子のはたらきで生殖腺が精巣になります．この時胎児の精巣は男性ホルモンとミュラー管抑制因子（抗ミュラー管ホルモンともいう）というホルモンをつくります．ミュラー管抑制因子がはたらくとミュラー管は退縮します．男性ホルモンの作用によりウォルフ管は残り，輸精管になります．さらにこの男性ホルモンのはたらきにより，陰茎，陰嚢ができてきます．このようにして「生殖器官の性」が決まります．

◆ ◆ ◆

脳の性は胎児期の後半に決まると言われています（図 11）．胎児の卵巣はこの時期，女性ホルモンも男性ホルモンも作りません．その結果，脳は雌型になります．脳の基本型（デフォルト）は雌型です．脳が雌型になると，女性としての性自認，男性に対する性的指向，性周期の神経回路ができます．一方，胎児の精巣は男性ホルモンをつくります．この男性ホルモンが脳を雄型にします．男性ホルモンは，男性の性自認，女性に対する性的指向の神経回路をつくり，男性ホルモンがあると性周期の神経回路ははたらかない状態になります．このように脳が雌型，雄型になっていくことが脳の性分化です．「脳の性」ができるということは，雌雄で異なる神経回路ができるということで，ヒトでは性自認，性的指向，性周期の有無が決まるということです．ヒトでは胎児の限られたわずかな時期に脳の性分化が起こります．この特定の時期を臨界期と言います．女性の脳と男性の脳は同じであるという人がいますが，これは医学・生物学的に間違いです．

◆ ◆ ◆

ネズミの脳の性分化の時期（臨界期）は，ヒトの場合より少し遅く，出生前後に起こります．この時に雌に男性ホルモンを与えると，脳は雄型となり，この雌はおとなになっても性周期はなく，雌型性行動もしません．おとなになったこの雌に男性ホルモンを与えると雄型性行動をします．体が雌であっても脳は雄型になっています．また出生前後の臨界期に雄の精巣を除去して男性ホルモンをなくしてしまうと，脳は雌型となり，この雄はおとなになって女性ホルモンを与えると性周期を示し，

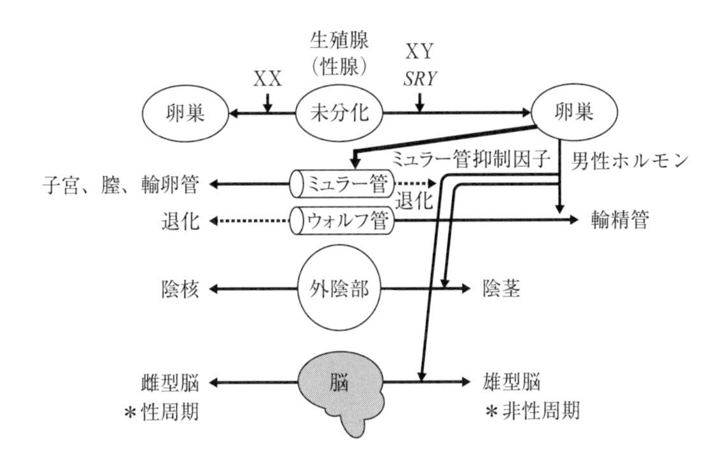

図 11　生殖器官および脳の性の決定機構

雌型の性行動をします．男性ホルモンを与えても雄型の性行動はしません（山内兄人　ホルモンの人間科学　コロナ社　2006）．

このように哺乳類では，胎児あるいは出生前後の限られた時期の男性ホルモンの有無により脳の性が決まると考えられています．この臨界期を過ぎると，もう脳の性分化が完了しているので，男性ホルモンの脳の性分化への効果はなくなります．脳の性は性分化により固定されます．おとなのネズミの雌に男性ホルモンを与えても，おとなの雄の精巣を摘出して男性ホルモンをなくしても，性周期，性行動に変化はありません．

◆　◆　◆

多くの神経細胞は核と細胞質からなる細胞体と呼ばれる部分と細胞体から伸びたひも状の部分（軸索）からなります（図12）．軸索は他の神経細胞の細胞体とつながり（その部分をシ

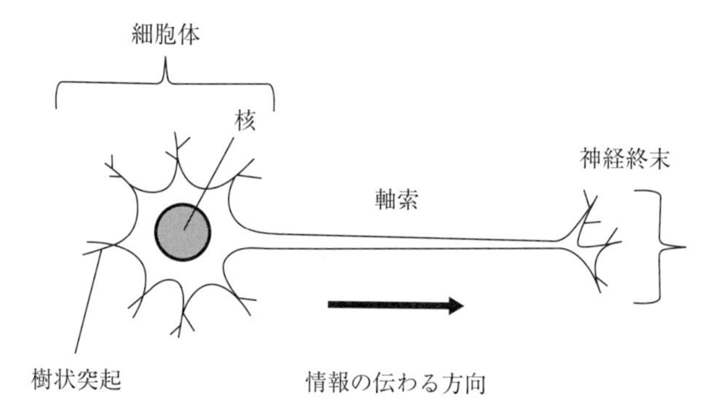

図12　神経細胞

ナプスという)，情報伝達をします．脳の中には神経細胞の細胞体が局所的に密集した部分があり，その部分を神経核と呼んでいます．ちょっと紛らわしいのですがこれは細胞の中の核とは意味が異なります．脳の中にはこのような神経核がたくさんあり，それぞれ名前がついています．しかしまだこれらの神経核がどのようなはたらきをしているのかはよくわかっていません．

性自認，性的指向のはたらきをする神経回路はどこにあるのかまだわかっていません．性周期を制御する神経回路は，脳の視床下部にあることが明らかになっています．

◆ ◆ ◆

ここまでをまとめると，受精卵の遺伝的性がXXの場合，生

性染色体　X型

卵巣ができる　→　男性ホルモン、女性ホルモンなし

→　雌型生殖器官　→　脳は基本形の雌型になる

性染色体　Y型

精巣ができる→　男性ホルモンあり

→　雄型生殖器官　→　脳が雄型になる

・脳の基本形は雌型

・発生過程で男性ホルモンができると脳は雄型になる

図13　生殖腺(性腺)，生殖器官(生殖器，性器)および脳の性の決定機構のまとめ

殖腺（性腺）が卵巣となり，性ホルモンのない状態で生殖器官は雌型となり，脳も雌型に分化します（図13）．受精卵の遺伝的性がXYの場合，Y染色体の*SRY*遺伝子が生殖腺を精巣に分化させます．精巣ができると胎児の精巣は男性ホルモンをつくり，生殖器官，脳が雄型になります．

◆ ◆ ◆

出生後，ある程度身体が成長すると，卵巣，精巣のはたらきが活発になります．卵巣は女性ホルモンをたくさんつくるようになり，精巣は男性ホルモンをたくさんつくります．その結果，女性は乳房が大きくなり，身体に脂肪がつきます．男性は筋肉が発達し，ひげが生え，声が低くなります．これらが二次性徴です．このころに女性では性周期が始まり，男性では精通がみられるようになります．

ここまでの流れが教科書に書かれているマジョリティのヒトでみられる身体の変化です．

◆ ◆ ◆

ここまでに性についていろいろなレベルでみてきましたが，それぞれのレベルを身体のパーツ（構成物）というふうにみてみましょう（図14）．性についての身体のパーツには，遺伝子のパーツ，生殖腺のパーツ，生殖器官のパーツがあり，脳には3つのパーツ（神経回路）があります．それらは性自認のパーツ，性的指向のパーツ，性周期のパーツです．身体のパーツをあわせて「からだの性」，性自認のパーツを「こころの性」と呼ぶことがあります．次の章では，これらのパーツのいろいろな組み合わせについて考えてみましょう．

ヒトの脳の性

脳の性のはたらき
・性自認　Gender, Gender identity
・性的指向 Sexual orientation
・性周期 Sexual cycle

パーツの組み合わせにより
異性愛，同性愛，
トランスジェンダー，
となる．

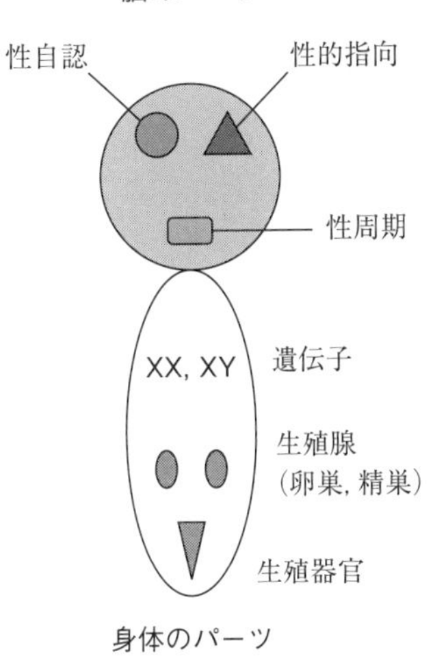

図 14　ヒトの脳の性のはたらき

コラム４　医学が進んで小林の身体に卵巣と子宮を移植したら，子どもが産めるようになるのか？

私は男性の脳をもっていると思われます．遺伝的性は調べたことはありませんが，おそらくXY型でしょう．生殖腺（性腺）は精巣です．精子をつくることができました．生殖器官（生殖器，性器）は雄型です．ペニスはちゃんと勃起して射精もできました．その結果，２人の子どもをもうけることができました．また調べたわけではありませんが，脳は雄型だと思います．

最近，ある女性が他人の子宮を自分に移植して，妊娠，出産をしたという話を聞きました．それでは，今よりもう少し医学が進んで，私の身体に卵巣と子宮を移植したら，排卵，妊娠，出産ができるでしょうか？　たぶんできないと思います．私の脳が雄型だとしたら，性周期をつくることができません．性周期をつくるパーツ（神経回路）が私の脳の視床下部にありません．そうすると仮に卵巣を移植して卵巣が生きていても，卵細胞を発達させて，排卵することができません．受精可能な卵細胞を育てるには，脳が雌型でないとだめなんです．脳と卵巣は離れていて直接関係ないように感じますが，脳は卵細胞の発達に重要な役割を果たしています．

講義で学生に避妊薬のピルは身体のどこに効くの？と聞くと，卵巣？ 子宮？　という答えが返ってきます．これは違います．避妊薬は脳の視床下部の性周期をつくる神経回路に効いて性周期をとめているのだよ，と言うと学生は驚きます．避妊や月経痛回避のための女性ホルモン剤（女性ホルモンに似た構造の化学物質）のピルは，性周期をとめるはたらきがあります．性周期をとめれば排卵が起こらないので避妊ができます．性周期をとめれば月経が起こらないので月経痛がなくなります．知ってた？　もう１つ，女性用の避妊薬は男性に効きますか？　と聞くと学生は驚いた顔をします．これは効きません．男性の脳にはそもそも性周期を作る神経回路がありません．ですから，女性用の避妊薬が男性の脳に作用して男性の避妊をすることはできません．これは女性の脳と男性の脳の明確な違いを示していますね．

さらに講義ではモーニングアフターピルはどこに効くの？　と聞きます．すると考えたこともなかった，という答えが返ってきます．モーニングアフターピルは身体の２か所に作用しますが，それは脳ではありません．１つめは卵巣で，排卵を遅らせます．そうするとその間に精子は死に，排卵が起こっても受精はしません．２つめは子宮です．子宮の内膜を薄くします．そうすると卵が受精しても着床できなくなります．その結果，妊娠が成立しません．

コラム５　ブレンダと呼ばれた少年

『ブレンダと呼ばれた少年』という本が出版されています（ジョン・コラピント著・村井智之訳，扶桑社，2005）．英語の原題は，As nature made him と言います．これは日本語の「氏か育ちか」に対応する Nature or nurture をもじってつけた題名です．どのような話かというと，1960 年代にカナダのあるところに双子の男の子が生まれました．一方の赤ちゃんは，ペニスの包皮の出口がせまく，おしっこの出が悪いので，尿の出方をよくするために，ペニスの包皮切断手術を受けました．しかしその際に事故が起こり，ペニス全体がなくなってしまいました．

このとき，アメリカのジョンズ・ホプキンス大学医学部の心理学者，ジョン・マネー教授はヒトの性自認は生まれたときは中立で，育て方で女性にも男性にもなる，という性自認の中立説という学説を提唱していました．この男の子の両親はマネー氏の指示に従い，この子に精巣摘出および簡易的な性器の女性化の手術を受けさせました．また当初，男の子の名前が付けられていましたが，子どもの名前をブレンダに変え，女の子として育てることにしました．しかしブレンダは14歳まで女の子のように振る舞うことができず，苦悩の人生を送ります．

このマネーの学説は20年以上も医学において支持され，小型のペニスをもって生まれてきた子，事故でペニスを失った子どもたちは，その子たちの性自認がどちらかであることを判断せずに，性器の女性化手術を受け，女の子として育てられることになりました．その結果，多くの悲劇が生まれました．ブレンダもその一人です．ブレンダはつらい人生を送り，14歳の時に父親から真実を伝えられ，その後はデイヴィッドという名前の男性として生きることになりました．しかしそれまでの人生の苦悩のせいか，38歳のときに自死をしています．ちなみにgender identity（性自認）という言葉はジョン・マネー氏がつくった言葉だそうです．

この脳の性自認の中立性という考え方に異論を唱えたのは，カンザス大学の若き生物学者，ミルトン・ダイアモンド氏です．ダイアモンド氏はその後，ハワイ大学の医学部の教授になっています．

ダイアモンド教授は，神経生物学的に脳の性分化は胎児の時にすでに起こっており，育て方で子どもの性自認がどちらの性にも変わりうる，というマネー氏の説を否定し，マネー氏の学説のもとに行われている手術の廃止を求めました．多くの場合，胎児の時に脳の性分化が起こり，出生時には性自認は雌雄のどちらかに決まっています．ですから，出生後にその子の性自認を変えることはほぼ無理です．ダイアモンド氏の使った表現を借りてそのまま表現をすると，「『性自認は環境によって変化する，男性の脳と女性の脳は同じである』，ということをほとんど宗教のように信じている人たちがいる」，ということです．「私は科学を信じない」，という人もいますから，それはそれでしかたがないことですね．

またダイアモンド氏が来日した際，日本の社会学者がすでに何年も前に否定されたマネー氏の学説を引用して論理を展開していることを知り，強い批判をしていたとのことです．この『ブレンダと呼ばれた少年』という本は大学で社会学，特にジェンダー学を学ぶ人の必読書とも言えるでしょう．またジョン・マネー氏，ミルトン・ダイアモンド氏の研究については，第 12 章で紹介している麻生一枝氏の 2011 年出版の本『科学でわかる男と女になるしくみ』でもわかりやすく説明されています．ぜひこの本と合わせて読んでいただければと思います．

私は個人的にダイアモンド先生とお話しをする機会に恵まれました．ハワイで動物行動学会があったときに，ダイアモンド先生は私のキンギョの脳の両性性の研究にとても興味をもってくださいました．ダイアモンド先生は性転換魚類のことについてよくご存じでした．というのは，社会的序列で性が変わるという魚類の研究は，ハワイ大学の生物学の研究グループが世界で初めて示した研究だからです．このときは，私はダイアモンド先生が脳の性の専門家であるということを知りませんでした．その後，ダイアモンド先生が来日された際，私に会いたいといってわざわざ私の研究室を訪問してくれました．そのとき，私は，社会的序列で性が変わる性転換魚は，キンギョと同様，性転換後，元の性にもどることができるのではないか，という考えを述べました．そうしたらダイアモンド先生からは，「それは起こりえないよ」，という返事が返ってきました．私としてはちょっと意外な返事でした．その後，数年してオキナワベニハゼ，ダルマハゼという魚は双方向性転換魚類であることが，日本の２つの研究グループによって明らかになりました．また社会的序列で性転換をする魚において，次のような実験結果が得られています．雄がいなくなって，雌があらたに雄になったグループの水槽に，その雄になったばかりの魚より大きな雄を入れると，雄になったばかりの魚は雌にもどる，とのことです．著名な脳の性の研究者の考えより，私の推測の方が正しかったことに私はおおいに満足しました．

話をヒトの性自認について戻しますね．私は講義でセクシュアルマイノリティの生物学的な説明をする際，最後のスライドにその講義のテイクホームメッセージとして必ず「ジェンダー研究においてセクシュアルマイノリティの勉強をしたい人は，まず脳の性，Brain Sex の勉強から始めてください」と示しています．『ブレンダと呼ばれた少年』という本の中には，同様なことが述べられていました．ウィリアム・レイナーという小児科医のコメントが引用されていましたが，「最も重要な性的器官は生殖器ではなく，脳である」とのことです．納得です．

第6章　身体の性のパーツ，脳の性のパーツの組み合わせにより性の多様性ができる

身体のパーツと脳の性のパーツの組み合わせにより，いろいろな性のパターンができます．いわゆる社会学で言う性の多様性です．**表1**を見てください．まず身体が男性の場合から見ていきましょう．身体が男性で，性自認が男性で，性的指向が女性の場合，異性愛（ヘテロセクシュアル）です．生物学的にマジョリティです．私自身はこの区分に入ります．

◆　◆　◆

次に身体が男性で，性自認が男性で，性的指向が男性というパーツの組み合わせがあります．この場合は，同性愛（ホモセクシュアル）で男性同性愛はゲイ（gay）と呼ばれています．なおこの gay という言葉は海外では女性同性愛者（レズビアン）にも使われることがあるようです．私がテレビでアメリカの映画を見ていたとき，せりふの音声は英語のままで，字幕で日本語訳が付きました．その場面では若い女性が英語で「私は gay です」と言っていました．日本語の字幕が何だったよく覚えていませんが，「私は同性愛者です」だったような気がします．

◆　◆　◆

一方，身体が男性であっても性自認が女性というパーツの組み合わせの場合，身体の性と性自認の性が異なり，トランスジェンダー（transgender）と呼ばれます．トランスジェンダーという言葉は，最近よく使われるようになってきました．

あまりよい日本語訳は見当たりませんでした．トランスとはラテン語で「反対側」という意味です．身体の性と性自認の性が異なる，ということでトランスジェンダーという言葉が使われています．これに対して身体の性と性自認の性が同じ場合をシスジェンダー（cisgender）と言うこともあります．シスとはラテン語で「同じ側」という意味です．ここで身体が男性で，性自認が女性で，性的指向が男性の場合，このトランスジェンダーの人は異性愛です．ここで第1章での質問に戻りますが，Aさんはトランスジェンダー女性で，異性愛です．同性愛で

表1　身体の性，脳の性のパーツによりいろいろな組み合わせが生じる

身体が男性

1. 男であると自覚し，女に惹かれる	異性愛（シスジェンダー）
2. 男であると自覚し，男に惹かれる	男性同性愛（G）
3. 女であると自覚し，男に惹かれる	トランスジェンダー・異性愛（T：MTF）
4. 女であると自覚し，女に惹かれる	トランスジェンダー・女性同性愛（T：L）

身体が女性

1. 女であると自覚し，男に惹かれる	異性愛（シスジェンダー）
2. 女であると自覚し，女に惹かれる	女性同性愛（L）
3. 男であると自覚し，女に惹かれる	トランスジェンダー・異性愛（T：FTM）
4. 男であると自覚し，男に惹かれる	トランスジェンダー・男性同性愛（T：G）

身体が男性あるいは女性

1. どちらの性にも惹かれる	両性愛（B）
2. 自分の性自認がどちらかわからない	クエスチョニング（Q）
3. 性自認がどちらの性でもないという自認	ノンバイナリー
4. 身体が男性あるいは女性，両性の性自認をもつ	ジェンダーフルイド

はありません．わかりますか？　最近は短くトランス女性と言う傾向があるようです．

◆ ◆ ◆

４番目のパターンは，身体が男性であっても，性自認が女性で，性的指向が女性というパターンで，トランスジェンダーの女性同性愛，レズビアン（lesbian）ということになります．身体が男性でも女性同性愛です．パーツの組み合わせにより，こういう組み合わせもあります．実際，テレビでこういう人がコメントをしているのを私は聞いたことがあります．この人は，女性の恋人がいて，結婚をしたいと言っていました．今は自分の身体で精子を作ることができるので，恋人と子どもをつくり，子どもができたら自分は手術を受けて女性の身体になり，２人のお母さんとして子どもを育てる，とのことでした．

◆ ◆ ◆

次に身体が女性の場合をみていきましょう．身体が女性で，性自認が女性で，性的指向が男性の場合，異性愛です．生物学的にマジョリティです．

◆ ◆ ◆

身体が女性で，性自認が女性で，性的指向が女性の場合，同性愛です．女性同性愛はレズビアン（lesbian）と呼ばれています．

◆ ◆ ◆

身体が女性で，性自認が男性で，性的指向が女性の場合，トランスジェンダーの異性愛です．ここで読者の方は気が付くかと思われますが，トランスジェンダーには２つのパターンがありますね．身体が男性で性自認が女性の場合と身体が女性で性自認が男性の場合です．前者はMTF（male to femaleの略），後者はFTM（female to maleの略）と呼ばれることがあります．トランスジェンダーのよい日本語訳がないというのは，2つのパターンがあるということも1つの理由かもしれませんね．トランスジェンダー男性という言い方も最近は，短くトランス男性と言うようです．

◆ ◆ ◆

4番目のパターンは，身体が女性で，性自認が男性で，性的指向が男性という人がいます．この人はトランスジェンダーで，男性同性愛，ゲイ（gay）というパターンになります．

◆ ◆ ◆

その他に，身体が女性あるいは男性で，どちらの性にも惹かれる場合は両性愛者（bisexual）と呼ばれています．世間で言われるLGBTとは，レズビアン（lesbian），ゲイ（gay），バイセクシュアル（bisexual），トランスジェンダー（transgender）の頭文字をとった単語です．最近LGBTQあるいはLGBTQ+と言うこともあります．Qはquestioningあるいはqueerの略で，2つの意味に使われます．Questioningとは自分の性自認がどちらかはっきりしない，という人です．また自分は男性でも女性でもない，と断言する人を日本ではX-ジェンダーと呼びます．X-ジェンダーという言葉は，日本でできた言葉なので，英語圏ではノンバイナリー（non-binary）という言葉が使われています．最後のQは，queerの意味でも使う場合があります．Queerとはもともと「風変わりな」ということを意味する言葉でしたが，現在，セクシュアルマイノリティの総称という意味にも使われることもあります．ですから最後にQをつけて

LGBT 以外もいろいろあるタイプ全部を含めて，と言うことになりますでしょうか．また本書のタイトルにもあるようにLGBTQの後に＋をつけることがあります．ここのQはquestioningの意味で，＋はセクシュアルマイノリティにはLGBTQ以外にもいろいろあるよ，ということを意味しています．この他に，性自認が女性，男性のどちらにもなりうる人がいます．こういう人はジェンダーフルイドと呼ばれています．

◆ ◆ ◆

ここで少し**表1**の補足説明をしておきますね．いくつかのパターンを示しましたが，このパターンの境目はグレイゾーンです．たとえば身体が男性で1.のパターンでは，「私は100%異性愛である」という人もいますが，「私は，90%くらいは異性愛だと感じるが10%位は男性同性愛と感じる時がある」，という人もいます．生物はある性質について人為的区分をしたとき，クリアカットに分けられるものではありません．生物の性質，生物学の考え方については後で説明しますが（第8章），この表で示されている区分の複数にまたがって当てはまる人がいても不思議ではありません．

◆ ◆ ◆

アメリカではLGBTQIA+という言葉も使われるようです．Iはインターセックス，Aはアセクシュアル（エイセクシュアル）です（ア，英語での発音はエイ．ギリシャ語の接頭語で無を意味する）．本書ではこれらの2つについては説明をしていませんが，興味のある人は自分で調べてみてください．なおインターセックスという言葉は，日本では現在はネガティブなイメージが含まれるということで使用を避けるべき用語とされていますが，アメリカでは今でも使われているようです．（コラム6参照）．

◆　◆　◆

表1の身体が女性，身体が男性の1番目のパターンが生物学的なマジョリティで，それ以外のパターンは社会では現在，セクシュアルマイノリティと呼ばれています．ただし，ここにあげたセクシュアルマイノリティは，マイノリティの中のマジョリティで，ここではあげなかったパターンの場合もあるということを知っておいてください．ここであげなかったマイノリティとしては，パンセクシュアル，ポリセクシュアル，アセクシュアル，フィクトセクシュアルなどがあります．インターセックスについては，現在はセクシュアルマイノリティの区分には入れていません．DSDs（性分化疾患）に区分されています．詳しくはコフム6参照してください．

◆　◆　◆

表1を別の形で示したものが図15です（ただしジェンダーフルイドは含まれていません）．一番左が男性の異性愛，一番右が女性の異性愛です．基本的な4つのパーツ（性自認，性的指向，性周期および身体）を脳と身体に入れ込んでみました．性的指向については，女性同性愛者が女性に惹かれる場合と，男性異性愛者が女性に惹かれる場合は区別しました．同様に男性同性愛者が男性に惹かれる場合と，女性異性愛者が男性に惹かれる場合も区別しました．

この図をみると性の多様性は性のパーツの「モザイク」でできている，ということがわかりますね．そうなんです，身体と脳のパーツがモザイクになっているから，性の多様性が成立し，それを身体の外だけから見るとグラデーションのようにみえるということになるのかもしれません．私は「性はグラデーション，性のスペクトラム」というより，「性はヒトにより各性のパーツがモザイクになっている」，というのがより正確な表現だと考えています．

この脳と身体のパーツがモザイクという表現は，私自身で思

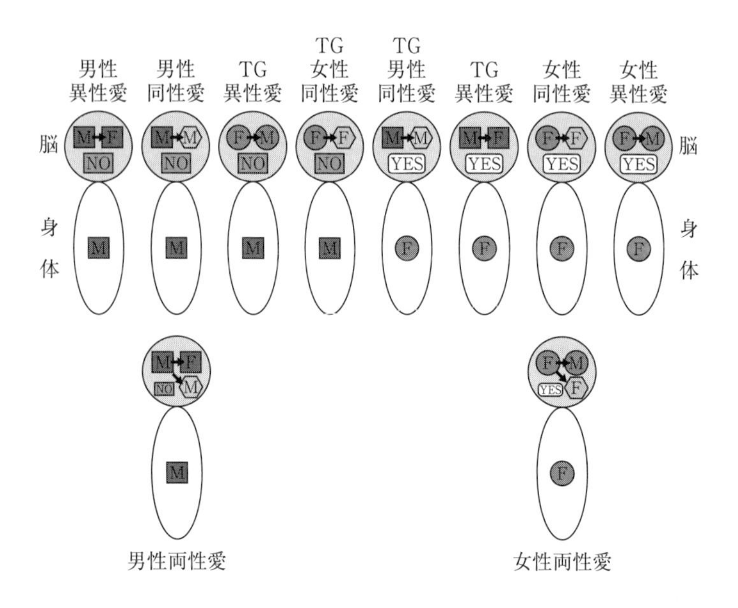

図 15　ヒトの脳の性のパーツと身体の性の組み合わせ
ヒトの脳の性のパーツと身体の性の組み合わせはモザイク状になり，その結果として性の多様性が生まれます．
脳の左上：性自認を示しています；Mは男性，Fは女性です．
脳の右上：性的指向を示しています；Fは女性に惹かれ，Mは男性に惹かれます．
脳の下：性周期の有無；NOは性周期なし，YESは性周期ありになります．
身体の性：Mは男性；Fは女性です．　ジェンダーフルイドは示していません．

いついた言葉の使い方なのですが，最近の脳の性的二型核の研究においてモザイクという言葉がすでに使われていることがわかりました．前に神経細胞の細胞体がたくさん集まった部分を神経核と呼ぶという説明をしましたが，哺乳類の雌と雄の脳を比較した時に，脳の同じ部位の神経核の大きさが雌と雄で異なる部位があります．これは細胞体の数が多いと結果的に神経核の領域は広くなり，神経核の大きさが大きいということになります．雌と雄でこの神経核の大きさが異なる場合，その神経核を性的二型核と呼びます．この性的二型核の男女の比較研究でも「モザイク脳」という言葉が使われていました．このことは第 10 章で説明しますね．

◆ ◆ ◆

生物学・医学の観点からは，性を身体の性，性自認，性的指向，性周期の 4 つに区分しましたが，教育学，社会学では別の区分がなされています．

まず大きなまとまりとしてセクシュアリティ（sexuality）というものがあります．これらの分野では，このセクシュアリティは 4 つの要素からなるとされています．身体の性，性自認，性的指向，性表現（gender expression）の 4 つです．セクシュアリティ，性表現というのは生物学者の私にとっては難解な表現です．なじみがない言葉でちょっとピンときません．セクシュアリティとはヒトの性にかかわること全般という意味のようです．国語辞典をみると「性的特質」とありました．私はこちらの言葉の方がずっとわかりやすく感じました．性表現とは自分はどのような性としてふるまいたいか，ということのようです．書物によっては「性表現」を「社会の性」としているものもあります．ただしこれらの区分の説明として，性自認，性的指向，性表現はすべて脳によって制御されているんだよ，という説明は出てこないですね．ここが一番大事なところなんだけれど．性表現については，トランスジェンダーの人は，自分の性自認の性の服装をすることが多いようです．

コラム6　LGBTとDSDs

LGBTについては，これまで説明してきたとおり，脳のパーツの個人差によって生じる個性です．

一方，DSDs（あるいはDSD）はdifferences of sex developmentの略号で，日本語では「性分化疾患」あるいは「体の性のさまざまな発達」と訳されます．LGBTが脳のパーツの個性とすると，DSDsは身体のパーツの個性ということが言えます．かつては半陰陽，インターセックスなどといった言葉が使われましたが，これらの言葉は不適切ということで現在は避けるべき用語とされています．DSDsにはターナー症候群，アンドロゲン不応症，カルマン症候群などいろいろなケースがあります．たしかにDSDsもある種のセクシュアルマイノリティかもしれません．またDSDsでかつLGBTという当事者もいます．しかしDSDs当事者は自分たちをセクシュアルマイノリティに属するとは思っていません．DSDs当事者はほとんどが異性愛ということも明らかとなっています．さらにDSDs当事者の大多数は「男女の境界をなくす」，「性はグラデーション」とは考えていません．一部の研究者が，

「生物学的に男女の境界はなくグラデーションである」という主張をするための根拠として，出生時の男の子の外性器の図画と女の子の外性器の図を示し，その間に出生時に性別判定が困難だったDSDs当事者の外性器の図画を示すことがあるそうです．そして性はこのようにグラデーションであると説明しているそうです．このようなかたちでDSDsの例が利用されるのは，DSDs当事者は望んでおらず，倫理的にいかがなものかなと感じられます（石田仁　2019，吉田絵理子 2022）．

セクシュアルマイノリティは脳の性の多様性で，DSDsは身体の性の多様性です．身体の性の多様性をもとに，脳の性の多様性を説明しようとすることは科学的に正しくありません．DSDsはLGBTQ＋とは別の問題として考えるのがよいのではないでしょうか（詳しくは https://www.nexdsd.com/dsd　を参照してください）．

コラム7　トランスジェンダー，ニューハーフの語源

トランスジェンダーという言葉は昔からあったわけではありません．トランスジェンダーという言葉ができる前には，トランスベスタイト（transvestite）という言葉がありました．トランスベスタイトとは，自分の身体の性，性自認の性とは異なる性の服装を身につけることを好む人で，日常的には，自分の身体の性，性自認の性の服装をしています．異性装者（crossdresser）とも言われます．トランスセクシュ

アルとは，自分の身体の性と性自認の違いに違和感を感じ，性適合手術を希望する人です．

アメリカのヴァージニア・プリンス（Virginia Prince, 1913-2009）という人は，異性装者で，1960年から1986年までTransvestiaという異性装者のための雑誌を出版しました．彼女は，フルタイムで女性として生活していましたが，気の向いたときにパートタイムで異性装をするトランスベスタイト（transvestite）ではなく，性適合手術をしたいわけでもありませんでした．そして自分はトランスジェンダリスト（transgendarist）である，という造語をつくりました．これとは別に，身体の性と性自認の性が同一でない組み合わせに対して，トランスジェンダーという言葉ができました．ただし，ヴァージニア・プリンス当人は，この新しいトランスジェンダーという言葉の使い方には喜んでいなかったそうです（詳しくは「トランスジェンダーの歴史」，現代性教育研究ジャーナル　2018年　No.88．参照：https://www.jase.faje.or.jp/jigyo/journal/seikyoiku_journal_201807.pdf）．これは結果論になるかもしれませんが，トランスジェンダーという言葉のなりたちは「身体の性」と「ジェンダー」がトランス（ラテン語の反対側）の状態ということになります．このジェンダーという言葉は社会学でのジェンダーではなく医学でいうジェンダー（性自認），すなわちgender identityを意味しています．

一方，ニューハーフという言葉があります．日本においてトランスジェンダーのMTFに使われる言葉です．これは有名な話ですが，歌手の桑田佳祐さんがつくった言葉です．桑田さんがトランスジェンダー（MTF）の人との対談で，日本人と外国人のハーフではなく，男と女のハーフという言葉が出たときに，桑田さんが，それなら「ニューハーフ」だね，と言ったことが最初と言われています．なお，ニューハーフは和製英語で海外では通じません．またニューハーフという言葉はトランスジェンダー MTF に使われる言葉ですが，接客業，芸能界に関わる人に使われる場合が多く，そうでないトランスジェンダー MTF の人にニューハーフという言葉を使うと不快に思う人がいることも知っておく必要があります．ニューハーフは英語では transgender で強いて付け加えるとすると MTF です．英語には shemale という言葉がありますが，この言葉は差別的に使われることがあるので，要注意です．

またFTMのトランスジェンダーは英語では，transman（あるいは trans man）と呼ばれることがあります．ただしこの言葉も好む人と嫌がる人がいるとのことなので，この場合も英語では transgender がよいでしょう（日本のトランスジェンダー概念史，あさこ行政書誌事務所．参照：https://asako-office.com/2021/03/02/日本のトランスジェンダー概念史/）．

本書では，生物学という「科学の視点」から性の多様性について考えていますので，用語についても一般用語，生物学用語，医学用語を冷静にかつ正確に考えたいと思っています．

コラム8　性の多様性に関するいくつかの表現

ニューハーフという言葉が使われるようになってきたのが1980年代で，トランスジェンダーという言葉が普及したのは1990年頃です．日本ではむしろトランスジェンダーという言葉よりも，性同一性障害という言葉の方が先に広まったような感じです．というのは，1998年に埼玉医大において日本で合法的に性同一性障害（トランスジェンダーFTM）の患者に性転換手術が行われたからです．性同一性障害という言葉は現在，性別違和あるいは性別不合という言葉を使うように変わりつつあります．また性転換手術は性適合手術という言葉に変更されています．合法的にという言葉については，後ほど説明します（コラム9）．

その後，2000年代に入り，埼玉医大での手術をきっかけに性同一性障害という言葉が日本中に広まり，その結果として同性愛とトランスジェンダーの違いが認識されるようになってきたものと推察されます（詳しくは『トランスジェンダーの概念はなぜ生まれたか－性同一性障害の歴史的背景』，Medical Note．参照：https://medicalnote.jp/contents/151005-000005-XAEUXT）．

筆者は60歳代ですが，同世代の友人は，同性愛とトランスジェンダーの区別についてはほとんど知識がありません．したがって今でもゲイバーと言えば，トランスジェンダー（MTF）の人が接待を行い，前述のAさん（6ページ）を，同性愛と思っています．

心の性を表す表現として，性自認（gender identity），性的指向（sexual orientation），異性愛，同性愛，両性愛，トランスジェンダー，ジェンダーフルイドなどの言葉が使われます．その他に最近は「SOGI」（ソジ）という言葉が使われます．これは，Sexual Orientation（性的指向）Gender Identity（性自認）の頭文字の略号で，LGBTだけでなく全ての人を包括する言葉です．その人のSOGIはどうなのか，お互いにきちんと把握しよう，という提案です．

社会学などではヒトの性は「グラデーション」という言葉がよく使われますが，これはもともと美術用語です．ヒトについては，複数のヒトがいて，その人達についてある1つの性質に着目し，その程度の大きさによってそれらのヒトを順番に並べられるような場合，ヒトのその性質は個人によってグラデーションである，という言い方がなされます．今のところ，生物学，医学においてヒトの性がグラデーションであるという科学的根拠，データはありません．ですから，生物学者，医学者はヒトの性はグラデーションだとは思っていません．ただし，グラデーションというたとえを使うことによってセクシュアルマイノリティの社会問題が軽減されるのであれば，私はそれもありかと思っています．

また複数のヒトの複数の性質に着目し，それが一方向の傾向をもって順に並べられることができるのなら，それはグラデーションと言えるでしょう．しかし，現実的には，複数の項目について着目すると，方向性をもって順番に並べることはできません．この場合，ヒトによって複数の項目が「モザイク」状になっている，というのが科学的に適切な表現かと思われます．

一方，同一個体内で性質が変化する場合があります．これは生物学では「可塑性」（plasticity）と言います．表1の区分がクリアカットに区分されるのではなく，グレイゾーンになるのは，ヒトによっては可塑性があるからです．また可塑性の変化には2種類あります．未分化の生殖腺が卵巣にも精巣にもどちらにもなれることを未分化の生殖腺には可塑性があると言います．しかし，この場合，1度性分化したものは可塑性がなくなり，固定されます．一方，性転換魚類では，雌が1度雄に性転換してもまた雌に戻れる，という場合があります．この場合は個体の性的可塑性が維持されている，ということになります．ヒトの性自認，性的指向は100％そうである，というヒトもいれば，性自認，性的指向について脳内に複数の神経回路をもっていれば，そしてそれらの神経回路を両方使うことができれば，そのヒトに性的可塑性があっても不思議ではないと思います．

また性のスペクトラムという性の分け方があるようですが，この考え方は，私は生物学的に適切とは思いません．性スペクトラムという考え方は，1本の線を引き，左端が雄100％，右端が雌100％とすると，動物は年齢，状況によって雄80％，60％，雌70％，40％といった具合に変化するという考え方です．この考えをこれまでに話してきた魚類について適用してみましょう．多くの非性転換魚類では，雄は雄 100%，雌は雌 100%です．隣接的雌雄同体の魚種（クロダイ，クエ，キュウセン，カクレクマノミなどの性転換魚類）では状況に応じて雄 100%か雌 100%となります．しかし同時的雌雄同体のセラナス（パートナー依存型の同時的雌雄同体），マングローブキリフィッシュ（自家受精型の同時的雌雄同体）およびホルモンを投与されたキンギョ（ホルモン依存型の同時的雌雄同体）の性スペクトラムは，性行動をしていないときはすべて中間に位置すると考えるようです．そして雄型の性行動をしているときはどの魚種も雄 100%，雌型の性行動をしているときはどの魚種も雌 100%となります．そうするとこの考え方では 3 つの異なる生殖様式（パートナー依存，自家受精型およびホルモン依存型）の違いを区別して表すことができません．

ヒトの性の多様性について考えてみると，ヒトの異性愛者の女性，男性はそれぞれ女性 100%，男性 100%となります．しかし性自認が両方のジェンダーフルイド，性自認がどちらでもないというノンバイナリー，性自認がどちらかよくわからないクエスチョニングの場合，性スペクトラムはどれも中間に位置するそうで 3 つの性的パターンの違いを区別して表すことができません．また性的指向が両性のバイセクシュアル，性的指向のないアセクシュアルの場合も性スペクトラムは中間に位置するということで，2 つの性的パターンの違いを区別して表すことができません．さらに，男性異性愛者が女性に惹かれる状態は男性 100%ですが，男性同性愛者が男性に惹かれる状態も男性

100％となります．したがって性スペクトラムという考えでは，男性異性愛，男性同性愛の違いを区別して表すことができません．性スペクトラムという考え方は「性のグラデーション」と同様，この言葉を使って差別が減るのであればそれでよいと思いますが，地球上の自然界の動物，ヒトの性の多様性といった実際に存在する事例にあてはめるには不完全な仮説だと思われます．

第７章　同性愛，トランスジェンダーは病気ではない

異性愛，同性愛，トランスジェンダーは身体と脳のパーツの組み合わせでいろいろなパターンが生じるということを述べました．この中で異性愛が正常で，同性愛，トランスジェンダーは精神病ということはありません．同性愛，トランスジェンダーはその人のもつ個性なんです．

また同性愛，トランスジェンダーと言う言葉は一般名詞で，病名ではありません．WHO（世界保健機関）も同性愛，トランスジェンダーを病気とは認めていません．かつては同性愛，トランスジェンダーは精神病として治療が必要と考えられた時代もありましたが，現代では，身体のパーツと脳のパーツの組み合わせで生じる個性と考えられています．現代の医学ではある種の臓器を移植して取り換えることができるようになってきましたが，脳のパーツ（神経回路）は，脳のハードウェアでもあり，ヒトの他の臓器，機械製品などのパーツと違って取り換えることはできません．またすでにできあがった神経回路の機能を変えることもできません．このことは同性愛，トランスジェンダーに対する精神病としての治療が無意味であったということを示しています．もし同性愛，トランスジェンダーが病気だから治療や育て方で治るのだとしたら，セクシュアルマイノリティ，同性愛の人は社会からほとんどいなくなっているということになります．そんなことはないです．トランスジェンダーの人に身体の性に合わせた行動をとれ，ということはマ

ジョリティのシスジェンダー・異性愛の人に，身体の性の反対の性の行動をとれ，というのと同じことで，無理なことです．ぜひ『ブレンダと呼ばれた少年』という本を読んでみてください．

◆ ◆ ◆

トランスジェンダーは個性だと言いましたが，自分の性自認の服装をして，自分の性自認の性として暮らしていくのであれば，それはその人の個性として認められるものです．病気ではありません．自然なことではないでしょうか．むしろその人に性自認とは異なる服装を強要することは，その人の苦痛になるでしょう．

しかし，トランスジェンダーの人の中には自分の身体の性に対する違和感が強く，そのことを苦痛に感じる人はいます．その場合は専門医に受診に行きます．ここで初めて医師と患者の関係が成立し，医師はその苦痛に対して「性別違和あるいは性別不合」（かつては性同一性障害と呼ばれていた）という診断名（医療ケアが受けられる性の健康に関する名称）を与えます．医師は患者を診察して，診断名を決め，その病気に対する治療を始めます．ここで繰り返しておきますが，トランスジェンダーという言葉は一般名詞で，個性を表す言葉です．病名ではありません．トランスジェンダーの人が日常生活に苦痛を感じていなければ，医療機関にも行きませんし，性別違和（あるいは性別不合）という病名は与えられません．

一方，性別違和（あるいは性別不合，性同一性障害）は病名です．トランスジェンダーの人が強い性別違和感をもち，大きな精神的苦痛がある場合，医療機関に行きます．医師はそのことを病気として取り扱い，性別違和あるいは性別不合という病名（診断名）を与えます．そして医師は患者に対してどのようにしてその苦痛を取り除くのがよいのか，治療法を考えます（ここで注意ですが，性自認に対して身体の性の違和感を感じることを，単に性別違和というような使い方が見られますが，性別違和が診断名となったので，このような場合，性的違和感，性別違和感あるいは性別の違和感などとし，診断名と一般名詞を区別する必要があるかと思われます）．性別違和（あるいは性別不合）に対しての１つの治療法としてホルモン療法があります．患者さんの身体をその人が好むような体形に近づけるようにします．それでも患者さんの違和感がなくならない場合は，外科的手術，すなわち性適合手術（かつては性転換手術と呼ばれていた）を行います．かつてトランスジェンダーという言葉が広まる前に，性同一性障害は個性である，という主張がありましたが，これは用語の使い方の誤りです．性同一性障害という言葉は一般名詞ではありません．

◆ ◆ ◆

ここで読者の皆さんは気が付いたかもしれませんが，かつてはヒトの性は身体の性によって判断されました．そしてトランスジェンダーの人の場合も，身体の性をその人の性とし，身体の性と心の性（性自認）が合わないときは，心を身体に近づけようと治療を試みたのです．しかし，これはうまくいきませんでした．なぜならトランスジェンダーは病気ではないからです．そして現代では，心の性（性自認）をその人の性とし，身体の性を心の性に合わせるという考え方に変わってきました．ですから，性を合わせる手術というのは性転換手術（sex changing surgery）ではなく，身体の性を心の性に合わせる性適合手術（sex reassignment surgery）という言い方に変わりました．これは私個人の考えですが，心はその人の人格です．人格は基本的人権で守られるべきものだと思っています．

◆　◆　◆

なお性同一性障害（GID, gender identity disorder）という疾患名は，障害（disorder）という言葉に病気のイメージが強いことから，名称の変更が試みられています．アメリカ精神医学会が発行しているDSM（Diagnostic and Statistical Manual of Mental Disorders，日本語では精神疾患の診断・統計マニュアルと訳されています）において，性同一性障害をgender dysphoria（性別違和）という言葉に置き変えました．分類としては精神疾患の１つとされています．なぜ精神疾患の１つにしたかということにはいろいろな理由がありますが，アメリカではDSMにおいて疾患とされた病気でないと，保険が適用されないということがあります．一方，WHO（世界保健機関）は，病気の分類としてICM（International Classification of Diseases，日本語では国際疾病分類と訳されています）を発行していますが，性同一性障害をgender incongruence（性別不合）という言葉に置き換えました．性別違和と性別不合の違いは，アメリカ精神医学会は最新版のDSMにおいて性別違和を精神疾患の１つと位置付けていますが，WHOは最新版のICDにおいて性別不合を精神疾患から外し，性にかかわる疾患としています．ここでも疾患としているのは，やはり保険適用の対象となる病気，ということが理由の１つになります（針間，2019）．

◆ ◆ ◆

現在の日本の状況では，性同一性障害，性別違和，性別不合はいずれも疾患とされています．このうち精神科の医師からうける診療，精神療法および性適合手術は保険が適用されます．しかし，ホルモン療法はまだ保険の適用の対象とはなっていません．その理由としては，まだホルモン療法の効果，安全性についての日本人における医学的知見，研究が十分に得られていない，とのことです（針間，2019）．

◆ ◆ ◆

現時点では，日本では性同一性障害という疾患名の置き換えについては統一がなされていません．日本では性別違和が使われ始めていますが，今後「性別違和」，「性別不合」のどちらに統一されるのかはまだわかりません．日本の厚生労働省は国の機関ですから，アメリカ国内の学会で作られたDSMではなく，国際機関であるWHOの作成するICMを採用しているとのことです．とすると，日本では性別不合というのが性同一性障害にかわる疾患名となる可能性があります．日本では2003年に「性同一性障害者特例法」という法律がすでにできていますが，この法律名も「性別不合者特例法」に置き換わる可能性があります．また学術学会の「性同一性障害学会（通称GID学会）」は，最近，学会名を「日本GI（性別不合）学会」に変更しました．詳しくは針間克己先生の著書『性別違和・性別不合へ－性同一性障害から何が変わったか－』，緑風出版（2019）をご参照ください．

コラム９　ブルーボーイ事件から性適合手術の夜明けへ　その１（このコラムでも現在使われている用語ではなく，当時の用語で表記をします）

日本における性転換手術，戸籍の変更は1998年に埼玉医科大学で性転換手術が公に行われるまでまったく行われなかったかというと，そうではないようです．三橋順子氏によると，1950年にトランスジェンダーMTFの日本人男性が東京の竹内外科と日本医科大学附属病院において２回に分けて性転換手術を受けています．そして1954年に名前の変更（明から明子）と続柄の変更（参男から二女）を行っています．またトランスジェンダーMTFの日本人男性は，1974年にアメリカで性転換手術を受け，1980年に東京都港区役所において名前の変更（敏之から敏）と続柄の変更（長男から長女）を行っている，とのことです（LGBTをめぐる法と社会　谷口洋幸編著　日本加除出版2019）．これらのことは，日本でも性転換手術が1998年以前に行われていたことを示すとともに，続柄の変更という形で戸籍の性別の変更が行われていたことを示します．

しかし1964年に日本の産婦人科医が３名のブルーボーイ（男性）に性転換手術を行いました．ブルーボーイとはトランスジェンダー（MTF）の当時の呼び方の１つです．その後1965年にこのお医者さんは麻薬取締法違反と優生保護法（現在の母体保護法）違反で逮捕され，1969年に有罪の判決を受けました．

被告人（産婦人科医）の受けた量刑は，当時の優生保護法違反としては重すぎるので，量刑は主として麻薬取締法違反に対する量刑であったのではないかと考えられています（ペニスカッター　和田耕治・深町公美子　方丈社　2019）．しかし当時のメディアは，2つの違反のうちの性転換手術の方だけを取り上げたため，「性転換手術は優生保護法違反である」，すなわち「性転換手術は違法」という考えが日本に定着しました．これがいわゆるブルーボーイ事件です．これ以降しばらくの間，日本ではこの問題はタブーとなり，この問題にかかわる医師はいなくなりました．そのため性転換手術を受けたいトランスジェンダーの人たちは，性転換手術が合法的に行われている外国に行って手術を受けていました．

それでは優生保護法にはどんなことが書かれているのでしょうか．問題となったのは第二十八条の「何人も，この法律の規定による場合の外，故なく，生殖を不能にすることを目的として手術又はレントゲン照射を行ってはならない」の部分です．この後の部分のレントゲン照射とは，本書の内容とは別の話ですが，なんのことか不思議に思う読者がいると思うので，先に簡単に説明をしておきます．日本において過去のある時期にレントゲン照射（X線などの放射線の照射）による避妊，不妊化，人工流産が行われていました．その結果，放射線を照射された人は生殖能力がなくなることがあるので，このような文言が条文に入っています．これはまだ，放射線の人体への影響がよくわからなかった頃のことで，現在はこのようなことは行われていません．

さて本題にもどりますが，この条文の「故なく」というところが問題の部分です．裁判所の判決文では，性転換手術そのものを否定しているわけではなく，性転換手術が法的にも正当な医療行為である，ということが示されれば「故あり」という考えを示しています．そして性転換手術が正当に行われるには以下の条件をみたす必要がある，としています．その条件を簡潔にまとめると，1)当該患者に対する精神医学的，心理学的調査と一定期間の観察．2)当該患者の家族関係，将来の生活環境についての調査．3)手術の実施における精神科医を含めた複数の医師による決定および手術能力のある医師による実施．4)調査，検査の記録の作成および保存．5)性転換手術の限界と危険性の当該患者の理解および本人の同意．当該患者に配偶者のある場合は配偶者，当該患者が未成年の場合は保護者の同意．

裁判所は，性転換手術をするには，上記のような条件をみたしていれば，法的にも医学的にも正当であろう，という説明をしています．1964年に行われた性転換手術は，これらの条件がみたされておらず，正当性を示すことは不十分なため，「故あり」ではなく「故なし」と判断されたと考えられます．またこれは私の推測ですが，性転換手術が不十分な準備や意思確認によって，安易に行われて被害者が出ることの予防策を提言していたのかもしれません．しかしこの判決結果に対しての偏った報道により，日本の性転換手術は長い間，闇の時代に入ります．

そのような状況の日本において，埼玉医科大学の山内俊雄教授は，性同一性障害の患者さん（トランスジェンダー FTM）から性転換手術をしてほしい，という強い要望を受けていました．山内先生は 1995 年にこの件について大学内で委員会を立ち上げ，性転換手術のあり方について議論を重ねました．そして結論としては，医者の使命は患者の苦痛を取り除くことである，このことは性転換手術を行う正当な理由である，結果的に生殖能力はなくなるが，患者の苦痛を取り除くことのほうが優先される，ということです．「故なく」ではなく「故あり」なのです．今，このことを聞くと単なるつじつま合わせのようにも感じられますが，当時としては，過去に有罪となっていることを実行するわけですから，山内先生としては相当な覚悟があったのではないかと思われます．種々の手続き，了解を経て，そして 1998 年，埼玉医科大学総合医療センターにおいてわが国における初の「公（おおやけ）に」行われた性転換手術，女性から男性への手術，が施行されました．手術の翌日，朝日新聞の朝刊の 1 面にこの手術のことが記事として掲載されました．さらに誰も山内先生を訴える人はいませんでした．このときは合法的に性転換手術が行われたのです．この「公（おおやけ）に」，「合法的に」というのは，山内先生が行った手術では，1969 年に裁判所が判決文に示した条件をすべてクリアしているということです．

それまで暗闇であった日本の性転換手術の問題は，山内先生の実行によってやっと夜明けが来た，と言っても過言ではありません．幸いにも山内先生は私の所属大学で講演会をしてくださり，講演後，私はお話をする機会にも恵まれました．私は講義でこういう内容を話しているけれどどのように思われますか，との私の問いに，山内先生は肯定的なご返事をしてくださり，後日，先生の著書を私宛に送ってくださいました．もちろん私は先生が送ってくださる前に山内先生の本を買って，熟読していました．山内先生は性転換手術に関して，以下に示す３冊の本を出版されています．詳しくはそちらをご参照ください．最初の本のタイトルが示すように，ある時期，性転換手術は犯罪と考えられていたのです．タイトルには山内先生の医師としての患者に向き合う熱意が感じられます．

なお戸籍の性別については，2003年に制定された「性同一性障害者の性別の取り扱いの特例に関する法律（GID特例法）」によって変更が可能となっています．しかし日本では戸籍を変更するためにクリアしなければならない条件が厳しく，国内外からこの法律には批判があります．

山内俊雄先生の著書

- 性転換手術は許されるのか　性同一性障害と性のあり方，山内俊雄著，明石書店　1999
- 性の境界　からだの性とこころの性，山内俊雄著，岩波科学ライブラリー74，岩波書店　2000
- 性同一性障害の基礎と臨床，山内俊雄編著，新興医学出版社　2004

なお山内先生の最初の本の41ページに「精巣をはじめとする男性性器からは男性ホルモンが，卵巣からは女性ホルモンが分泌される．これらの性ホルモンがそれぞれの性器の分化を促すわけであるが，」とありますがこの表現はちょっと紛らわしいですね．補足説明をしておきますね．前半の部分は思春期以降の場合のことであり，後半部分については，前述したように男性の胎児では男性ホルモンが男性性器の分化を促しますが，女性の胎児では，女性ホルモンも男性ホルモンもなしで，女性性器の分化が起こります．

コラム 10 ブルーボーイ事件から性適合手術の夜明けへ　その2（このコラムでも現在使われている用語ではなく，当時の用語で表記をします）

埼玉医科大学の山内先生とはまったく異なる方法でトランスジェンダー（MTF）の性転換手術を「公（おおやけ）に」ではなく，行ってきた医師がいました．

以下の内容は，後に示す和田氏の著書を私（小林）が要約したものです．

大阪市の形成外科・美容外科「わだ形成クリニック」の院長，和田耕治医師は1994年に性転換手術の助手として初めて手術に立ち会います．和田氏が手がけた性転換手術は合計で600例以上と言われています．また独自に手術の改善を行ってきました．たとえば手術後しばらくの間は膣穴の維持のためにダイレーターという棒状のものを膣内に入れておく必要がありますが，和田氏はシリコン樹脂を素材として独自のものを開発しています．また独自の手術方法により膣の深さが 11cm程度だったものが 16cmの深さまで深くすることができるようになりました．さらにそれまで小陰唇は小型のものしかできなかったのですが，和田氏の技術により，よりナチュラルな大きさ，形のものができるようになったとのことです．当時（1996 年頃），シンガポールで性転換手術を行うと 300 万円くらいかかったそうですが，わだ形成クリニックでは，90 万円の費用だったそうです．ですから大阪の多くのニューハーフが和田氏の手術を受けたことは当然のことでしょう．このような和田氏の努力により「和田式」という手術が確立されていました．

和田氏が最初にかかわった性転換手術は 1994 年で，埼玉医大で山内先生が性転換手術をおこなった 1998 年より前のことです．和田氏は学術学会，厚生省（現在の厚生労働省）とは直接的な関係をもたずに独自に患者さんの要望に応えていました．

以下の文章は，和田氏の著書（後述）から私（小林）がそのまま抜粋したものです．

「私は医療というものはまず第一に患者さんのためにあるものであって，国や社会のためにあるのではないと考えています．たしかに医師免許は法律によって与えられるものですから，法を守るということは当然ですが，医療は何よりも患者さん自身のために存在すべきです．しかし日本では不幸なことに性同一性障害に関する治療については長い間無視されてきました．私は患者さんを前にしてそのような日本の現状はやはり間違っていると思いました．誰かが患者さんのために真剣に取り組まなければならないと考えていました．」

「何もしようとしない正統派の形成外科医達を見限り，私は所詮，異端無名である気安さから，たとえ捕まろうが脅かされようが，医師としてやって正しいと思うことは徹底してやるぞという確信犯的信念で走り出しました．」

和田氏の独自の取り組みに対して，私は医師でもなく，医療の現場にいるわけでもないので，山内先生，和田氏の取り組みを比較して医療がどうあるべきか，といったコメントはできません．和田氏は孤高の医師であったことは間違いないでしょう．しかし和田氏の行ったことも性転換手術の夜明けの 1 つだと私は思います．

和田氏と深町氏の著作を示しておきます．なおとても残念なことに 2007 年に和田氏は 53 歳の若さでお亡くなりになっています．

「ペニスカッター　性同一性障害を救った医師の物語　和田耕治・深町公美子著　方丈社　2019 年」

第8章　生物の特徴と生物学の考え方

ここで少し話を変えて生物の特徴と生物学の考え方について説明をしておきます．

動物の各個体は，一卵性双生児あるいは人工的に作られたクローン動物を除いて，個体ごとにみな遺伝子が違います．すなわち個体差，個人差があります．生物学では「個体変異」といいます．同じ種の動物でも100匹の動物がいたら，みな遺伝子が少しずつ異なります．ある性質について着目すると，そうであるものとそうでないものに分かれることがあります．そのどちらかの多い方がマジョリティで，少ないほうがマイノリティということになります．また別の性質について着目すると，今度は別のマジョリティとマイノリティができます．最初の性質ではマイノリティだったものが，マジョリティに区分されることもあるわけです．

このように自然界の野生動物，人間社会のヒトには多様性があり，その多様性の中におけるマジョリティとマイノリティがみられます．生物に個体変異があることは，生物学では当然のことと考えます．暗黙の了解です．

◆ ◆ ◆

次に生物学の考え方について，物理学，化学と比較してみてみましょう．

物理学，化学の教科書には地球上で起こる基本的に普遍的真理が書かれています．ですから，物理学，化学の教科書に書かれていることは絶対的に正しいと考えられています（ただし，ごくまれに理解が変わることもあります．例えば天動説は地動説に考え方がかわりました）．

それでは生物学の教科書はどうでしょうか．そもそも生物には個体変異があるので，生物学において絶対的にそうだ，というのは難しいことなのです．ですから，生物学の教科書に書かれていることは，生物にみられるマジョリティのこと（現象，機構など）について書かれているのです．そしてマイノリティのケースは書かれていないのです．知ってましたか？　このことは生物学を学ぶ上でとても重要なことなのですけれど，日本の生物学の教科書にはどこにも書いてないですね．私は生物学の教科書の最初にこのことを書くべきだと思っています．

◆ ◆ ◆

1つの実験を例にあげてみてみましょう．例えばあるホルモンに効果があるのかどうか試す際に，10匹のネズミにホルモンを注射して，その結果，8匹のネズミに変化があった．一方，対照群の10匹のネズミには生理食塩水を注射して，10匹のネズミには何も変化が起こらなかった，とします．ここで生物学ではホルモンが効いたかどうか統計学的な検定をします．この実験結果が偶然起こったことかどうか，その確率を調べるのです．実際に検定をしてみると，10匹中8匹のネズミに変化があったということが偶然起こるという確率は極めて低い，という判定がでます．そうすると，生物学では，このホルモンは効く，と結論づけます．ちょっと待って？　10匹全部が反応したわけではないのにそういうふうに結論を出すの？　そうなんです．生物学ではマジョリティの結果で結論を出します．それではホルモンが効かなかった2匹はなんなの？　おそらくネズミにはホルモンに対する感受性に個体差があって，この2匹はホルモンに対する感受性が低く，ホルモンの効きが悪かったのかもしれない，などと解釈します．生物には個体差があるから，10匹のうち2匹にそういうネズミがいてもおかしくないよ，と多くの場合，マイノリティは無視されがちです．最近の科学的論文では，マジョリティの結果とともにマイノリティの結果についても説明をすることが求められるようになってきました．

◆ ◆ ◆

このように生物学の教科書はマジョリティの結果を主として書かれているので，教科書に書いてあることとは異なる生命現象はよく見られます．大学生が教科書に書いてあることとは異なる現象を見ると，「先生，この教科書は間違っている」，と文句を言うことがよくあります．いえ，教科書は間違っていません．学生がたまたまマイノリティの現象を見た，ということです．ですから，生物学の教科書や参考書をみると，「多くの場合」，「原則として」，「基本的に」などといった条件付けが多いことに気がつくでしょう．それは教科書はマジョリティを取り扱っているからです．

◆ ◆ ◆

同様に生物学での性は雌と雄だけの「性の二元性」という考えをとります．これはまさに生物学がマジョリティを対象とした学問である，ということがわかります．社会あるいは社会学では，性は女と男だけではなく性は多様，ということが言われていますが，それはヒトも生物で個体変異がありますから，マジョリティとマイノリティがあって当然なのです．ただし生物学の教科書ではマイノリティを扱わない，というのが慣例なんです．だから生物学では，マジョリティである「雌と雄」の性の二元論をとるのです．人の性は多様だから，生物学が性の二元論をとるのは間違っている，と言う人がいますが，それは生物学という学問の性質を正しく理解していない，ということです．ただし大事なことは，けっしてマジョリティがノーマル，マイノリティがアブノーマルということではありません．マジョリティは多い，マイノリティは少ない，ということで，良い悪いという意味はありません．

◆ ◆ ◆

「性の二元性」については生物学ではもう１つの意味があります．仮に雌の性をＡ，雄の性をＢとしたとき，Ｃという性，Ｄという性は少なくとも脊椎動物では見当たりません．ＡとＢによる生殖はあっても，ＡとＣによる生殖，ＢとＤによる生殖という組み合わせの生殖はありません．すなわち，性の三元性，四元性というのはなく，性は二元性ということになります．

◆ ◆ ◆

生物の特徴と生物学の考え方は物理や化学とは大きく異なります．酸素の個体差，窒素の多様性なんてないですよね．しかしこの生物の特徴と生物学の考え方については，ほとんどの人は気がついていないと思います．物理学も化学も生物学も教科書に書いてあることはすべて正しい，というのは正しくありません．知ってた？

◆ ◆ ◆

また生物学は科学の中の基礎科学の１つの学問分野です．科学には基礎科学と応用科学があります．基礎科学と応用科学の違いについては次のコラムで簡単に説明しますが，詳しく知りたい人は，拙著（理系研究者がハッピーな研究生活を送るには― 科学とは？ 研究室とは？ そしてラボメンタルコーチの必要性 小林牧人・藤沼良典 恒星社厚生閣 2021）をご参照ください．基礎科学である生物学でヒトを扱うときは良い悪い，正しい正しくない，ということは考えず客観的な事実を扱います．生物学的な事実に対して好き嫌いということも考えません．もちろん優劣もつけません．こう言うと，こんな質問をされるかもしれません．イルカの方がヒトより優れた遊泳能力をもっている．たしかにこれは客観的に正しいものですが，だからヒトはイルカより劣った生物とは考えません．生物学では，イルカは水界で生きていくのに適応しているし，ヒトは陸上生活に適応している，と考えるのです．現在の地球で生きているものは，みな，住んでいる環境に適応しているのです．大きな環境の変化があったとき，適応できずに死ぬことがあります．例えば火山の爆発，地震，津波などでその変化に適応できずに死ぬ動物がたくさんいます．しかし，その中でも生き残る動物がいます．残念なことに最近は人為的な地球の環境変化で絶滅する生物種が増えています．

話をもどしますが，生物学ではヒトも地球上の一生物と考えます．個体変異があり，マジョリティがあり，マイノリティがあります．それは良い悪いではありません．一方，ヒトを人と書いて社会の中で見るときも，個人差があっても当然としてみるべきでしょう．そして個人差は，それは個性として理解することが大事でしょう．人はみな平等です．

◆ ◆ ◆

もう１つ，現代の生物学の考え方の重要なことを示しておきます．生物学では自然界で起こっていることの解釈が研究の進歩とともに変わります．これも物理，化学とは異なる点かと思います．代表的なものが「進化」です．以前はキリスト教の考えが強い西洋の国々では，地球上の生物は神様がある時に作って，それ以降変化はしていない，とされていました（この考え方を創造論と言います）．それに対してダーウィンは，ある共通の祖先集団から２種類のグループが分かれて，進化が起こった，という「進化論」を提唱しました．当時としては，ダーウィンは宗教的反逆者のような扱いを受けたと書物には書かれています．しかし現代では進化は生物学の根本的な考え方になっています．このように生物学の考え方は時代とともに変わります．ここで注意をしておきますが，ヒトはサルから進化したというのは間違いです．ヒトとサルの共通の祖先集団がいて，そこから２つの別々の集団に分かれていった，ということです．現在のサルを何百年間飼ってもサルはサルでヒトにはなりません．

◆　◆　◆

また話を戻しますね．日本のある国会議員が，「LGBT は生物学上の種の保存に反する」という主旨の発言をしたそうですが，この国会議員は現代の生物学を理解していないようです．生物学では，かつては動物の本質は「個体維持」と「種族維持」と考えられていました．つまり動物は自分を守り，自分たちの仲間の子孫をつくり，種を維持する，という考え方です．しかし，多くの野生動物の行動研究からこのような考え方は，現在は否定されています．動物の本質は仲間を殖やしたいのではなく，自分の子孫を残したい（自分の遺伝子を残したい）のだ，そのためには自分の仲間に対して不都合な行動もとる，というのが現代の生物学の考え方です．自然界の動物はかなり利己的です．また自分自身が自分の子孫を残せないときは，自分と同じ遺伝子をもった，きょうだい，姪甥を保護する行動をとります．これによって自分のもつ遺伝子が自然界に残ります．古い誤った生物学的考え方を現代の人の社会に押しつける必要はまったくありません．ヒトは動物ですが，人は野生動物ではありません．人の社会で自分の子どもを作るか作らないかは，個人の自由です．義務ではありません．

◆　◆　◆

現在，「個体維持」と「種族維持」という言葉は生物学から消滅して，動物は仲間のことではなく，自分の「生存」と「生殖」を実行するために生きている，という考えが現代の生物学の考え方です．「個体維持」という言葉は，同じ意味ですが「生存」という言葉に置き換わり，「種族維持」という言葉はなくなり，自分の「生殖」という言葉になりました．昔の誤った生物学の考えを引用してセクシュアルマイノリティを批判するのは，生物学者にとってはとても迷惑な話です．生物学をきちんと勉強していない人が，生物学を持ち出して変な理由付けをするなよ，と言いたくなります．ここでは詳しく述べませんが，いくつかの理由により，日本の一般社会で，動物の本質は「個体維持」と「種族維持」という考えが今でも残っています．世界の中でも珍しい国です．「個体維持」と「種族維持」という考え方は，生物学の世界では約50年前に否定されています．さらに付け加えておくと，セクシュアルマイノリティは「自然の摂理に反する」といってセクシュアルマイノリティを差別したり，その存在が不自然かのような言い方をする人がいます．これは生物学的に誤りです．生物には個体変異があり，マジョリティとマイノリティが存在するのが「自然の摂理」です．また生物の進化はマイノリティが出発点だと考えられています．さらにマジョリティがノーマルでマイノリティがアブノーマルと考えるのは，社会的においてとても危険な考え方だと生物学者の私は考えます．カップルが子どもを作るのは権利であり，義務ではありません．

◆ ◆ ◆

また社会における性の多様性と地球環境を守るための生物多様性を混同している議論があるように思われます．生物多様性の維持は，社会的な性の多様性とまったく関係がありません．生物多様性とは，生態系の多様性，生物種の多様性および同一種の遺伝的多様性の３つの多様性からなり，我々が地球の自然を守るためにはこれらの多様性（生物多様性）を維持することが重要である，ということです．なぜ生物多様性を守る必要があるかというと，生物多様性を維持しないと我々人類は地球の自然から「生態系サービス」を受けられなくなるからです．この本は環境科学をテーマとした本ではないので，生態系サービスに興味のある人は自分で調べてみてください．

◆ ◆ ◆

ヒトは生物であり，生物学的な理解はヒトおよび人の理解を深めるために重要です．しかしヒトは野生動物ではありません．生物学上のヒトと社会における人は，時として分けて考える必要があります．この点が本書における“核”となる部分です．

ヒトの生物学的観点をすべての基準として人の社会に持ちこむわけにはいきません．ヒトは社会的動物ですが野生動物ではなく，人は社会の中で生きていきます．野生動物のような自分自身のための「生存」と「生殖」だけのために生きているわけではありません．人の社会にはマナーとルールがあります．生物学には好き，嫌いという主観的な言葉はありませんが，社会では好き，嫌いはあるでしょう．社会では好き，嫌いはあってもかまいませんが，相手を認めることは重要なことではないでしょうか．

コラム 11　生物学者の仕事

科学者の仕事は科学に関する研究をして新しい知見を得ることです．そしてその新しい知見を社会に公表することが重要です．科学は大きく2つの分野に分かれます．基礎科学と応用科学です．大学でこのことについて講義をしていると，基礎科学と応用科学の違いについて理解していない人がとても多いことに気がつきます．基礎科学は基本的にものごとを客観的に見て，主観は入れません．良い悪いということもなく，何の役に立つという考えをしなくてもかまいません．ものごとのより深い理解を求める分野です．基礎科学の研究の結果として，ものごとのよりよい「解説」ができるようになります．通常，答えは1つです．このような科学を扱うのは大学の学部としては理学部です．大学の生物学科は理学部の中にあります．日本の理科教育はほとんど基礎科学を扱っています．

一方，応用科学は基礎科学，人文学，社会科学をあわせた科学で，ものごとの「解説」を求めるだけでなく，問題の「解決」をも求める科学です．今，問題になっていることを解決する研究もあれば，今はなんとかできているけれど，こういうものができたらもっと便利になる，といった将来の解決も目指します．問題の解決を求める際は，その地域の文化，その時の経済状況などを考慮するので，答えは必ずしも１つではありません．大学では，農学部，工学部，医学部，環境学部などが応用科学を行うところです．私は農学部の水産学科で魚のホルモンの勉強，研究をしました．これは基礎科学です．そしてその先にあるものは，より効率的な魚の養殖です．水産学とは「水界から国民に安定的に食糧を供給する水産業」を支えるための研究，学問分野です．今は，私は養殖のための研究だけでなく，環境科学，生物学など応用科学，基礎科学の両方の研究をしています．

理学部の研究者であれ，農学部の研究者であれ，新しい知見を得るために研究をします．これが研究者としての社会での役割です．さらに私は生物学者のもう１つの大事な仕事として，正しい生物学的知見を社会に伝える，ということを考えています．たとえば私は，生物学の講義の中で，コラーゲンを食べても，そのコラーゲンは自分のコラーゲンにはならないよ，という生物学的に正しい知識を学生に伝えています．ドラッグストアで，健康食品として売られている食べるコラーゲンの箱をよく見てみてください．どこにも効果・効能は書いてありません．コラーゲンを食べて自分のコラーゲンが増えるという科学的成果はまだ誰も示していません．もし効果・効能を書くと今の法律では，景品表示法違反になります．ただし肌に塗る化粧品のコラーゲンには，化粧品としての効果が書かれています．これは違法ではありません．

同様に，セクシュアルマイノリティに関しての生物学的に正しい知識を学生に伝えています．基本的に一度分化した脳の性は環境要因，治療ではかわりませんよ，と伝えています．社会では現実的に多様な性がみられます．しかし生物学の教科書にはそういうことが書かれていないのはなぜか，という説明もしています．生物学では主としてマジョリティを扱います．また基礎科学である生物学では，ものの善し悪しといった主観は入れません．客観論で議論をします．

不思議なことになぜか文科系のジェンダー研究者は脳の性の説明をしない人が多いように感じています．高校でホルモンの名前とその機能を暗記するのが嫌で，生物学を嫌いになったせいでしょうか．それとも身体の中の性の実態に迫るのは，ブラックボックスのようで躊躇してしまうのでしょうか．しかし，医学，生物学は常に発展しています．ですから生物学者の私は脳の性に関する正しい生物学的知識を学生，社会に伝えることも私の生物学者としての仕事だと考えています．脳の性は重要な事柄なので，文科，理科に関係なく科学的に正しい知識，考え方を教えるべきことだと私は思っています．

生物学者として基礎研究をしているときの原動力は知的好奇心です．研究はおもしろいです．新しい発見にワクワクします．一方，環境科学，保全生物学などの近年の環境問題に対しての応用科学研究は，実験をやっているときは確かにおもしろいのですが，それ以上に問題解決のための科学者としての使命感が優先されます．私は生物学者としてセクシュアルマイノリティの当事者を対象としたセクシュアルマイノリティについての研究はしていません．ただしセクシュアルマイノリティについての医学・生物学的なことを40年間にわたり勉強し続けて，学生に伝えています．セクシュアルマイノリティの当事者を対象とした研究については知的好奇心，個人的な興味というのはあまり感じることはなく，セクシュアルマジョリティに正しい知識を与えることに科学者としての使命感を感じています．

第9章　ヒトの性の多様性の起因

マジョリティの女性，男性の性自認，性的指向，性周期がどのようにできてくるのか，脳の性分化ということを前に述べました．それではセクシュアルマイノリティはどのような原因で生まれてくるのでしょうか．脳の性分化が起こるのは胎児の後半，すでに生殖器官の性分化が終わってからと言われています．

トランスジェンダーのMTFについては，胎児の時の男性ホルモンの産生量が少なめだったため，身体は雄型で，脳は雌型になったと考えられています（第5章　ネズミの脳の性分化の研究参照）．しかし，なぜ男性ホルモンの産生量が少なめだったのか，ということはわかりません．

またトランスジェンダーFTMの場合は，胎児の時の副腎皮質過形成ということによると考えられています．副腎皮質は副腎皮質ホルモンを作りますが，少量の男性ホルモンもつくります．胎児の時に副腎皮質のはたらきが強すぎると男性ホルモンの産生量が多くなり，身体は雌型でも脳は雄型になります．しかし，なぜ副腎皮質が過形成になったのかはわかりません．

トランスジェンダーはどちらも偶発的なものと考えられ，遺伝子，出生後の環境によるものではないと考えられています．

◆ ◆ ◆

男性同性愛については，遺伝子が関わっているのではないかという研究報告がありますが，まだ決定的な証拠は得られていません．女性同性愛についてもその起因はよくわかっていません．

実験動物のヒメダカでは，雌の脳に存在するある遺伝子が性的指向にかかわっている，という報告がなされています．実験的に脳にある女性ホルモン受容体の遺伝子をはたらかなくすると，女性ホルモンがあってもその雌は雌としての性行動を行わず，性的指向が雄から雌へと変わり，雄型の性行動である雌への求愛行動を行うようになるとのことです．ヒメダカとヒトは会話ができないので，この遺伝子操作された雌メダカの性自認が雌であるか雄であるかはわかりません．

この実験結果は，もしこの雌メダカの性自認が実験で雄に変わっていたとしたら，ヒトのトランスジェンダー男性（身体は女性，性自認は男性，性的指向は女性）に相当し，性自認が雌のままだったらヒトの女性同性愛（身体が女性，性自認は女性，性的指向は女性）に相当するのかもしれません．ヒトと同じ脊椎動物の研究で，ある遺伝子の有無が性的指向を決めている，というのは興味深い研究だと思われます．

ただしこの人為的な実験結果とヒトのセクシュアルマイノリティの起因に関係があるのかどうかはまだわかりません．そもそも魚類，両生類に自意識，性自認，心という神経回路があるのかどうか，生物学では議論の最中です．爬虫類，鳥類，哺乳類には自意識，心があると生物学では考えられています．

現代の医学，生物学の考え方としては，一度分化した脳の性は固定され，その後，変わらないとされています．育て方，社会環境によって新たな神経回路ができて性自認，性的指向が変化することはないということです．

しかし，性自認，性的指向が自意識として自覚する年齢は人それぞれのようです．またバイセクシュアルの人は，ある時まで女性に惹かれ，あるときから男性に惹かれるようになった，というように性的指向が変化することがあります．しかし成人の脳の神経細胞が増殖することはほとんどないので，このことは環境要因によって脳が変化したのではなく，もともと両性の性的指向のパーツ（神経回路）をもっていて，状況に応じてそれぞれの性の性的指向の神経回路が活動し始めた，と考えられます．ジェンダーフルイドについても同様の解釈ができるかと思います．

生物学者としては，同じ脊椎動物である魚類でこういうことが多々みられること，動物の個体変異（多様性）は常にあるもの，ということから，私は個人としては，ヒトでそういうことがあっても「自然に起こること」として不思議には感じません．ときどき環境によって性自認，性的指向が変わったから，性は生まれつきではなく，環境要因で変わる，ということを言う人がいますが，脳，神経細胞の観点からはありえません．出生後，新たに神経回路ができることはありません．キンギョの脳のコンピューターシステムのたとえを思い出してください（コラム1）．人によっては脳にいろいろな神経回路を潜在的にもっていて，それまで使われていなかった神経回路がある環境刺激ではたらくようになった，と考えるのが科学的です．もし環境要因や育て方で性自認，性的指向が新たに変わるとしたら，「ブレンダと呼ばれた少年」のような悲劇は起こっていません．

セクシュアルマイノリティの起因を求めることにはいろいろな考え方があるかと思います．LGBT の原因がわかっても，一度できた神経回路は変えられません．ですから原因がわかっても結果が変えられないので，LGBT の人の生活にはあまり役に立たないのかもしれません．しかし原因がわかると，その後，科学的なあるいは医学的な対応ができるようになり，LGBT の人がより好適な生活ができるというのであれば，それは期待できることですが，現時点では LGBT の原因より，結果に対応する医学の研究のほうが進んでいるのではないかと思われます．

一方，LGBT の原因を探すこともある意味で重要ですが，LGBT に対する社会の見方，対応を考える方が，今の時点ではより重要かと思われます．

第10章　脳の性差と傾向

これまでは性自認が女性か男性か，性周期があるかないか，といったオール・オア・ナン（all or none）的な脳の性の比較をみてきました．セクシュアルマイノリティの話からは少しそれますが，ここでは女性，男性の脳によって示される傾向の違いについてみてみましょう．

◆ ◆ ◆

女性，男性によって，あることが得意か不得意かということを比較した研究がいくつかあります．図16を見てください．多くの人数で女性と男性の言語能力を調べると，女性の方が言語能力が優れているという傾向がみられます．また空間認知のテストをすると男性の方が優れているという傾向がみられます（脳の性分化　山内兄人・新井康允 編著，裳華房　2006，脳科学は「愛と性の正体」をここまで解いた　新井康允 著，KAWADE夢新書　河出書房新社　2011）．

この傾向についてはいろいろな解釈ができます．平均値を比べると明らかに違いが出るでしょう．統計学的な検定をすると言語能力も空間認知も明らかに男女差があるという結果がでます．しかし，どちらのグラフも重なりの部分があります．男性でも言語能力の高い人もいれば，女性でも空間認知能力の高い人もいます．ちなみに私は，言語能力は低く，方向音痴で空間認知はまったくダメです．情けないです．ですから，女性でも男性でもそれぞれの能力の高い人もいれば，低い人もいて，それほど差はない，と考えるのが一般的かもしれません．それぞれの能力に適した職業につけば問題はないでしょう．もし男女ランダムにタクシーの運転手を選ぶとしたら，男性を雇った方が対応性のある運転手にあたる確率は高いかもしれません．しかしいろいろな職業で人を採用するときに，そういう選び方はしません．もし私が男性だからという理由でタクシーの運転手になったら，3日でクビになるでしょう．

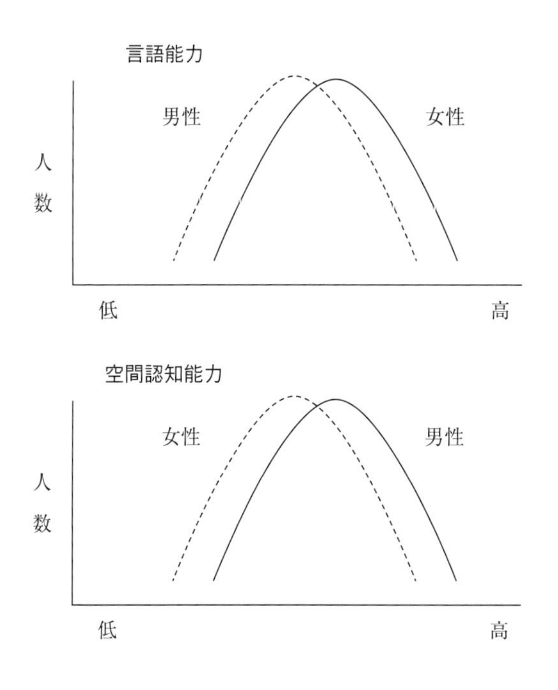

図16　ヒトの女性と男性の言語能力と空間認知能力の分布

◆　◆　◆

一方，女性の方が，言語能力が高いということを裏付ける脳の研究結果があります．現代では脳のどの部位がはたらいているかということを生きたまま調べることができる機械があります．機能的磁気共鳴画像装置（fMRI）という機械です．脳のはたらいている部位が画像化されます．この機械を使って男女の言語能力に差があるということを裏付ける結果が得られています．言語の機能は脳の2か所で制御されています．脳の前の方のブローカ野という部位は運動性言語中枢と呼ばれ，言語をしゃべるための中枢です．一方，脳の後ろの方のウェルニケ野という部位は，言語を理解するための感覚性言語中枢と呼ばれています．女性14名，男性16名の被験者にエッセイの朗読を聞いてもらい，このとき脳のどの部位がはたらいていたかということがfMRIで調べられました．その結果，興味深いことに，女性は左右の脳の両方のウェルニケ野の近傍がはたらき，ほとんどの男性は左側の脳のウェルニケ野の近傍しかはたらかなかった，ということです（情報科学部　脳機能ラボ，ETL NEWS, 609巻 , 2000年）．このことは，女性は言語に関してより多くの神経細胞を動員していることを示し，女性の言語能力の高さの裏付けになります．ただしこの研究の被験者は男性16名，女性14名です．おそらくより多くの被験者を調べれば，女性でも片方の脳しか使っていない人，男性でも左右両方の脳を使っている人がいるのではないかと思います．このようなことから男女の脳の特定のはたらきについての性差は明瞭なものではなく，性差の違いは傾向があるというレベルなのではないでしょうか．

◆ ◆ ◆

さらに最近，脳の性的二型核の研究で興味深い研究がなされています．神経核とは前にも述べた通り（第5章　31頁），神経細胞の細胞体が局所的にたくさん集まった部分です．この集まり方（神経核の大きさ）が女性と男性で異なる場合があります．そのような神経核を性的二型核と呼びます（図17）．ある神経核は女性の方が大きい，ある神経核は男性の方が大きい，ということが知られています．磁気共鳴画像撮影装置（fMRI）を使ってヒトの脳の神経核の大きさが，生きたままわかる時代にもなりつつあります．科学機器の進歩には驚きます．ただし，個々の性的二型核の男女での大きさの違いはわかっているものの，それらの神経核の働きはまだよくわかっていないものが多数あります．

イスラエルの研究グループは1400人の被験者（男女合わせて）の10か所の性的二型核について調べました．その結果，数多くのヒトについて調べてみると明らかに女性の脳と男性の脳に違いがあるという傾向が見えてきます．しかし，その違いは1本の線を境に女性，男性と別れるのではありません．すべての女性においてすべての神経核が女性型かというと必ずしもそうではなく，またすべての男性はすべての神経核が男性型かというと，そうではありませんでした．女性で10か所すべてが女性型，男性で10か所すべてが男性型の人は，全体の10％しかいなかった，ということです．他の90％のヒトの脳は，女性であっても男性であっても，ある神経核は女性型，ある神経核は男性型と両方の性の神経核が混在する「モザイク脳」ということでした．傾向としては，女性は女性型の神経核をもつ人が多く，男性は男性型の神経核をもつ人が多いということです．

この結果からすると，女性全体，男性全体といった「グループ」で比較すると，女性は女性型の神経核をもつ人が多く，男

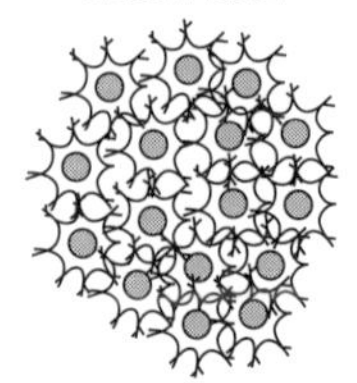

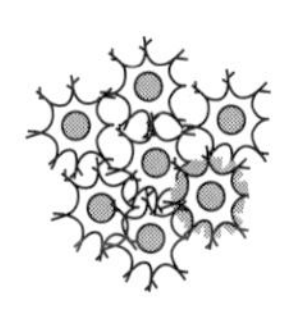

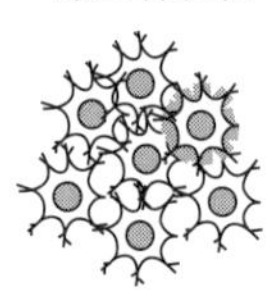

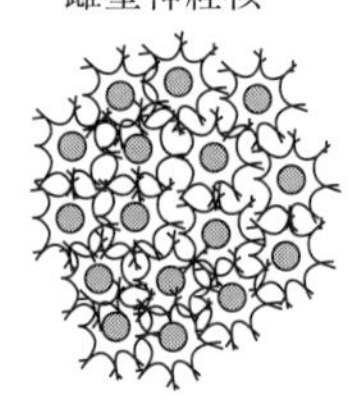

図17　脳の性的二型核

脳の部位で，神経細胞の細胞体がたくさん集まった部分を神経核といいます．細胞体の数が多いと，神経核は大きくなります．脳の部位によって雌雄で神経核の大きさが異なることがみられます．部位Aでは雄の神経核が大きく（雄型），雌の神経核は小さい（雌型）．部位Bでは雄の神経核は小さく（雄型），雌の神経核が大きい（雌型）．

性は男性型の神経核をもつ人が多く，男女の脳は異なる，という結論になります．しかし女性でも男性型の神経核を多くもつ人がいれば，男性でも女性型の神経核を多くもつ人がいます．ですから，「個人」について神経核をみてみると，この神経核は女性型，この神経核は男性型となり，その比率は個人で異なります．まだ個々の神経核がどんなはたらきをしているのかはわかっていませんが，神経核の性が女性性，男性性に対応しているとしたら，ある人のいくつかの性質・能力は女性型，別のいくつかの性質・能力については男性型，というモザイクになることが予想されます（第12章で紹介しているジョエルとヴィハンスキの本をご参照ください）．

◆ ◆ ◆

この結果をよく考えてみると，そもそも性的二型核をどのように分類したのか，という疑問がでてきます．ネズミを使った研究では，個々のネズミの個体差を少なくするために近交系（ほとんど遺伝的に均一な系統）の動物を使います．これは私の推測ですが，こういう動物を使って性的二型核を観察すると，ネズミに個体差がほとんどないため，雌雄ではっきりとした違いがでるのではないでしょうか．またヒトを使った性的二型核の研究は，かつては亡くなった方から頂いた脳で観察をしていました．そうすると得られる脳の数が限られるため，ヒトの性質の全体像はみえにくくなる可能性があります．これまでのネズミと少ない個体数のヒトの研究結果からは，雌型，女性型の神経核は雌，女性だけに，雄型，男性型の神経核は雄，男性だけに存在する，という明瞭な性的二型核の概念が生まれたのではないでしょうか．

◆ ◆ ◆

どの女性型の神経核，どの男性型の神経核をもつかは人それぞれ異なるので，このような脳の状態はグラデーション，スペクトラムではなく，モザイクと表現されています．図18は，ジョエルとヴィハンスキ（2021）をもとに私が簡略化して描い

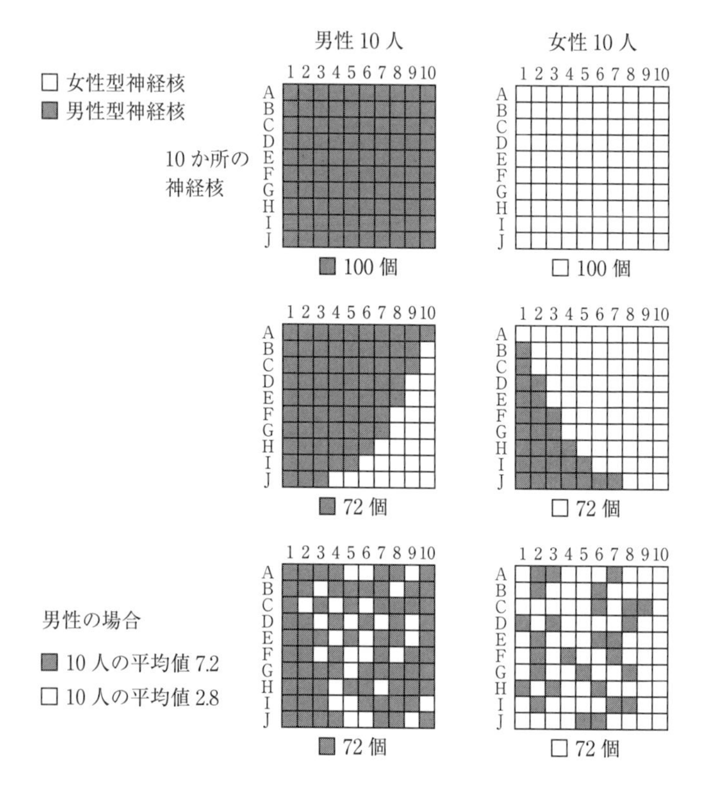

図18　脳の神経核と性差

た模式図です．詳しくは図の説明をご参考ください．また個々の神経核がどのようなはたらきをしているかはまだよくわかっていませんが，これからはそういうことも明らかとなっていくでしょう．

◆◆◆

ジョエルとヴィハンスキ（2021）をもとに小林が簡略化して作図をしたものです．1つの正方形が1つの脳の神経核を表わしています．白色は女性型の神経核を，灰色は男性型の神経核を示しています．10人の男女の10か所の神経核が女性型か男性型かを示しています．1～10が個人番号です．A～Jが神経核の種類です．これまで上段の図が示すように女性はすべて女性型の神経核をもち，男性はすべて男性型の神経核をもつと考えられていました．実験動物のネズミはこのような結果を示します．しかし，最近の研究から中段，下段のように女性にも男性型の神経核，男性にも女性型の神経核があることがわかってきました．また従来の考え方としては女性であっても男性型の神経核を多くもつ人，少なくもつ人，男性であっても女性型の神経核を多くもつ人，少なくもつ人とがいると想定され，女性であっても男っぽい人，男性であっても女っぽい人といったグラデーションがあるのではと推測されていました（中段）．しかし女性が男性型の神経核をもつ場合，男性が女性型の神経核をもつ場合，中段のようなグラデーションの傾向があるのではなく，下段が示すようにモザイク（ランダム）な傾向があることがわかってきました．例えば，1番の男性はすべて男性型の神経核をもっていますが，他の男性は男性型，女性型の両方の神経核をもっています．5番の男性は，男性型神経核より女性型神経核を多くもつ人です．調査の結果では，すべて男性型の神経核をもつ男性は，全体のわずか10%だったそうです．また男性がどの女性型の神経核をもつかということに特別な傾向があるわけではなく，ランダムなようです．そうすると解釈はグラデーションではなくモザイクということになります．
一方，下段の10番の女性はすべて女性型の神経核をもっていますが，他の女性は，女性型，男性型の両方の神経核ももっています．2番の女性は，女性型より男性型の神経核を多くもっています．すべて女性型の神経核をもつ女性は，全体のわずか10%だったそうです．また女性がもつ女性型，男性型の神経核はモザイクです．
下段の図に示すように，10人の男性がもつ男性型の神経核の平均値は7.2，男性がもつ女性型の神経核の平均値は2.8となります．グループとしての平均値には明らかに差が出ます．しかし，この「平均値」をもとに，男性は男性型の神経核を多くもち，男性らしい能力，性格をもつと決めつけるのはあまり意味がないのではないでしょうか．女性についても同様です．図16においても男女の傾向の違いがあっても男女の「平均値」を求めて，男性が優位，女性が優位ということを論じても意味がないことと同じだと思います．
女性らしさ，男性らしさは各個人がモザイク状にもっているということが重要だと考えられます．

ジョエルとヴィハンスキ（2021）の研究を知って，私なりの推測を発展させてみました．脳の神経核のモザイクということと，空間認知能力の性差，言語能力の性差など，女性，男性で性差の傾向（違いではない）があるということになんらかの関係があるような気がします．まだ脳の神経核の個々のはたらきはわかっていませんが，女性型，男性型の神経核がモザイクになっているということです．ですからこの研究成果は，女性であってもあることについては女性的，しかしあることについては男性的という現象の説明の裏付けとなっています．当然，男性についても同様なことが言えます．

◆　◆　◆

私は格闘技が好きで攻撃的なことが好きです．学生時代はアメリカンフットボールをやっていました．60代の今はキックボクシングをやっています．しかし空間認知はまったくダメです．また私はお裁縫が好きです．今から40数年前，まだ女子学生も髪を茶色く染めていなかった頃，大学生の私は髪を部分的に茶色く脱色して大学に行ってました．また女子学生もまだピアスをしていなかった頃，私は金色のピアスをして大学に行ってました．市販の服を自分なりに染色してオリジナルの色の服を作っていました．服の色は赤かピンクが好きです．以上，たった一例に基づく飛躍した推論ですが，私の脳の男性性，女性性はモザイクではないかと私自身は考えます．男性ならみなこうであり，女性ならみなこうである，ということはなく，個人の様々な事柄の能力，性格は，男性的な（男らしさをつくる）部分，女性的な（女らしさをつくる）部分が混ざり合っている（モザイク）と考えるのが正しいように思われます．当然のことながら当時の私は変わり者として扱われていました．また グラデーション，スペクトラムという考え方では，このモザイクの状況をうまく表せないのではないかと思います．

イスラエルの研究グループは「ヒトの脳は女性的でもなく男性的でもなく，女性的な特徴と男性的な特徴をもつモザイクからなる」と結論づけています．これは男らしさ（男性性），女らしさ（女性性）という傾向については正しいと思います．しかし，イスラエルの研究グループの研究成果からは脳のモザイク性と性自認，性的指向との関係は解明されていません．また性周期を制御する脳の視床下部についてはほとんど触れていません．性周期の有無を制御する神経回路は明らかに女性の脳と男性の脳で異なります．私自身は，この違いは脳の性の決定的な違いと考えているので，この部分に着目すると女性型の脳，男性型の脳というのははっきりと区別できると考えています．イスラエルの研究者たちは脳を中心とした神経科学が専門ですが，私は脳によるホルモン分泌の調節を研究するホルモン研究者なので，着眼点，考え方に違いがあるのかもしれません．

なお，ヒトの神経細胞は出生後，基本的に細胞分裂をしませんから，出生後の神経核の大きさは変化しません．またこれらの性的二型核の神経核が，いつどのような働きをするのかは，あまりわかっていません．

補注：

ここで以前に我々が書いた本（小林牧人・小澤一史・棟方有宗編著，「求愛・性行動と脳の性分化」，裳華房　2016）の中の内容について訂正をしておきます．左右の脳をつなぐ脳梁の断面は男女で形に違いがあり，女性の脳梁の後ろの部分は男性のそれより大きく，このことが女性の言語能力の高さに関係があるのではないか，という研究結果を紹介しました．この研究は20人の脳を調べて得られた結果です．しかしその後，100人の脳で調べた結果，男女による差はなかった，と結論付けられています．たまたま最初の研究では研究対象となった女性の脳は，脳梁が大きい人のものが多かった，ということです．あることを調べるとき，ある違いが個体差によるものなのか，何か別の要因によるものなのか，調べるものの個体数が少ないと，実際には存在しない傾向を結論づけてしまうことがありますので要注意です．典型的な例が，血液型と性格の関係です．この研究は日本人によって最初に行われたようですが，わずか30人たらずの被験者から結論を導き出しましたが，その後，1万人の被験者での調査から，血液型と性格は関係ない，という結論が得られています．

第 11 章　セクシュアルマイノリティと社会

性の多様性は，身体の性と脳の性のパーツの組み合わせで生じることを説明してきました．同性愛，トランスジェンダーは病気ではなく，個性ということも述べてきました．また性別違和・性別不合は患者の苦痛の状態に対応する治療が必要ですが，WHO は性別不合を現在では精神疾患とはしていません．

しかし現実の社会ではまだセクシュアルマジョリティのセクシュアルマイノリティへの理解は十分とは言えません．その結果，差別，いじめなど，セクシュアルマイノリティが社会的苦

・身体と脳のパーツの組み合わせの種類により生じる．
・同性愛，トランスジェンダー，性別違和（性別不合）は精神病ではない．
・同性愛：　病気ではない．個性 ＊でも社会的（精神的）苦痛あり
・トランスジェンダー：　病気ではない．個性 ＊でも社会的（精神的）苦痛あり
・性別違和：　自分の性的な違和に苦痛を感じる （性別不合）　＊さらに社会的（精神的）苦痛あり

図 19　同性愛，トランスジェンダーおよび性別違和と社会

痛を感じることはあるかと思います（図 19）．これはけっして セクシュアルマイノリティの人に落ち度があるわけではなく，セクシュアルマジョリティの知識不足により，生じていると考えられます．

このことから学校教育のあり方について考える必要があります．セクシュアルマイノリティについて十分な知識を得ないまま学校を卒業してしまった人は，その後，このような知識を得る機会はほとんどないのではないかと思います．もしかすると子どもができた時に，子どもが学校で習ってきて親に説明することがあるかもしれません．これまで私はこの本に書いたことを生物学の生理学の講義，一般教育の生物学の講義で話してきましたが，今は健康科学の講義でも 1 時間，話をさせてもらっています．

◆ ◆ ◆

差別にはいろいろな種類の差別があります．差別をしてはいけない項目，というのは次のような項目です．

「その人個人が自分で選んでそういうふうになったのではないこと」，そのことを差別の対象にしてはいけない，ということです．他にもいろいろな表現がありますが，「本人にコントロールできない事情」，「本人の意思に基づいて決定されたものではないこと」，などで差別をしてはいけない，ということです．たとえば人種，生まれつきの身体の障害などが上げられます．

セクシュアルマイノリティもその人が望んでセクシュアルマイノリティになったわけではないので，差別の対象にしてはいけないことなのです．逆の例をあげるとしたら，例えば私が結婚式やお葬式に自分で選んで場違いな服装をして行ったとすると，私は後々ずっと常識のない無神経な人間として差別されるかもしれません．これは自業自得かもしれません．

セクシュアルマイノリティと関連して最近問題になるのが，発達障害についてです．だれも好き好んで発達障害になったわけではないので，差別の対象としてはいけないということになります．社会では発達障害もセクシュアルマイノリティと同様，人々の理解の不足により，当事者が不当な扱いを受けることが，起こっているのではないかと思います．私自身はひどい方向音痴で，これも１つの発達障害ではないかと自分では思っています．しかしなぜか方向音痴は，社会で許容されています．不思議ですね．なぜでしょう．

◆ ◆ ◆

差別を減らすにはいろいろな働きかけが必要ですが，森山至貴氏がその著書で述べているように，「必要なのは良心（だけ）ではなく知識」，という考えに私は大いに賛同します（森山氏の本については次の章で紹介します）．この本を書いた理由がまさにこのことだからです．

◆ ◆ ◆

セクシュアルマイノリティの人々は，自己肯定感が低く，そのため自殺率も高いとされています．またハラスメントによる鬱病の発症ということもあります（寺原真希子，2018，神谷悠一・松岡宗嗣，2020　これらの本についてはあとで紹介します）．多くの人は，幼少期，思春期を過ぎて，青年期に入ると，自分のやりたいこと，好きなこと，新たにチャレンジしてみたいこと，などを誰もが考えるようになると思います．そして自分はどうやって生計を立てていくのか，ということが現実的な問題として誰もが直面することになるでしょう．そのときに自分が得意なことで食べていければ，自分の人生にロマンを感じることができるのではないでしょうか．このとき，その人の性的背景はあまり関係ないと私は思いますし，またそのことが社会的な制約になってはいけないのではないかと考えています．「自分のもっているラベルだけに左右されず，あなたらしい道を選べるような社会が必要です」（パレットーク，2021）．ここはセクシュアルマジョリティのセクシュアルマイノリティへの社会的な寄り添いが期待されるところです．

コラム12　昔　話

今からもう20年くらい前になるでしょうか．私の勤める大学で，学生主催のセクシュアルマイノリティの理解を深める，という集会がありました．学生の他に3人の教員が参加していました．ジェンダー研究者である女性教員，年配の男性教員と私の3人です．ひととおり当事者である学生からいろいろな説明があった後，その男性教員は，本学にそういう学生がいることがとても驚きだった，セクシュアルマイノリティはこれまで他人事だと思っていた，といった内容のコメントをされました．私は当時40代でしたが，年配の先生はやはりそう思うんだろうな，と感じていました．さらにその男性の先生は，今日は教員が2人しか参加していなかったけれど，もっと他の教員も知るべきである，とのコメントをしたところ，学生が，小林先生，小林先生，と私が参加していることを大きな声でアピールをしてくれました．童顔でカジュアルな服装をしていた私は，40歳を過ぎても学生に間違えられ，会場はなごやかな雰囲気になりました．

2つめの昔話は，新聞で読んだことです．その新聞の記事はセクシュアルマイノリティへの理解が進んでいない，という内容の記事でした．ある小学校で性自認が女性の男の子を女子生徒として受け入れる，ということをその小学校の校長が決めました．しかしその決定にPTAおよび他の父母から猛反発があったとのことでした．その抗議内容は「あなたの学校は変態を認めるのですか！」ということだったそうです．その後，どうなったかはわかりませんが，トランスジェンダーということが理解されていなかったころのことだと思います．

3つ目の昔話は，私とセクシュアルマイノリティ当事者との会話です．その学生は，身体は女性だけど自分では女性だと思わないし，だからといって男性とも思えない，と言っていました．服装は男子学生の感じで風貌は女の子でした．当時はそのような場合をなんてカテゴライズするかはわかりませんでしたが，今の分け方ではクエスチョニングでしょうか．私が学内のセクシュアルマイノリティに寄り添う気持ちがあるということを感じてくれたのか，いろいろと話をしました．私自身，当事者とどういうふうにつきあうと相手が安心するか，不快になるか，というのがよくわからない，ということを伝えました．そして思い切って彼女（彼）にこんなことを言いました．「私は昭和 30 年代の生まれで，まだ日本にそれほど外国人はいなかったんだよ．たとえば日本の普通の畳のある家に，ある日突然，金髪で目が青く，背の高い外国人が来たら，とまどうよね．この外国人とうまく付き合うにはどうしたらいいか，最初は悩むよね．もし家に入る時に靴を脱いでくださいとお願いしたら，相手が怒り出すんではないか，と心配してしまうよね．この外国人は私たちと何をしたいのか，ということはすぐにはわからないよね」というたとえ話をしました．そうしたら彼女（彼）は，「そうなんだ，まわりの人はとまどっているんだ，そういうことなんだ」とすごく納得してくれました．そして，「このたとえ，すごくわかりやすい．先生，このたとえ話，私も使わせてもらいます」とにこにこしていました．私は内心，そのたとえ，ちょっとひどいんじゃない，ちょっと違うんじゃない，と言われるかとびくびくしていましたが，思い切って言ってみてよかったと思いました．当時はセクシュアルマイノリティがどうしてほしいか，セクシュアルマジョリティにどうみられているか，セクシュアルマジョリティはセクシュアルマイノリティにどう対応したらよいか，といった双方の情報交換，意思の疎通はほとんどありませんでした．今はだいぶ状況が変わりましたが，まだ問題は発展途上です．「小林先生のような教員が学内にいるということで少し安心できました」との彼女（彼）の言葉に教員としての喜びを感じました．教員にとってすべての学生は我が子のようにかわいい存在なんです．

興味深いことに最近出版された町田奈緒士氏の本（後述）のトランスジェンダー（MTF）の人とのインタビューに似たような表現が出てきました．この場合はトランスジェンダー女性のシスジェンダー女性に対しての感覚を次のようなたとえで説明していました．アメリカインディアンが初めて白人をみる，日本人が初めて黒船に乗ってきた白人をみる，という感覚とのことでした．社会の中では，まだトランスジェンダー女性がシスジェンダー女性の文化には簡単に入れない，ということなのでしょう．

第12章　ヒトの性，セクシュアルマイノリティに関する本

本文中で引用した情報は，できるだけ皆さんが元の情報をみられるようにあえて難しい英語の研究論文ではなく，インターネットの情報などを選びました．ここでは，これまでに出版されているヒトの性，セクシュアルマイノリティについての本を紹介します．いろいろな観点からの理解が必要だと思います．

★脳科学は「愛と性の正体」をここまで解いた
新井康允著　KAWADE夢新書　河出書房新社　2011

★科学でわかる男と女の心と脳
麻生一枝著　サイエンス・アイ新書　ソフトバンク・クリエイティブ　2010

★科学でわかる男と女になるしくみ
麻生一枝著　サイエンス・アイ新書　ソフトバンク・クリエイティブ　2011

上記の3冊は，LGBTについての本ではありませんが，ヒトの脳の性を生物学的に理解するためにとても重要な本です．私は是非この3冊を読むことを皆様に強く勧めます．

★ジェンダーと脳　性別を超える脳の多様性
ダフナ・ジョエル，ルバ・ヴィハンスキ著　鍛原多恵子訳　紀伊國屋書店　2021

イスラエルの研究グループが行ったヒトの脳の性差についての最新研究を解説したものです．この本を読むにはある程度生

物学の専門的知識が必要です．本文で説明した性的二型核がモザイクになっている，という研究成果を発表した研究者の著書でもあります．ただし，性自認，性的指向，性周期については触れていません．

★求愛・性行動と脳の性分化
小林牧人・小澤一史・棟方有宗編著　裳華房　2016

本文中でも紹介しましたが，動物の性行動に興味のある人は読んでみてください．キンギョ，サケ，ニワトリ，イモリ，ネズミ，ナマコの性行動について書かれています．ヒトについてはLGBTの生物学的な解説をしていますが，この本はおそらくLGBTの生物学的解説をした最初の本ではないかと思います．

★性同一性障害って何？ 一人一人の性のありようを大切にするために
野宮亜紀・針間克己・大島俊之・原科孝雄・虎井まさ衛・内島豊著
緑風出版　2003

★性同一性障害と戸籍　性別変更と特例法を考える
針間克己・大島俊之・野宮亜紀・虎井まさ衛・上川あや著　緑風出版　2007

★セクシュアルマイノリティ　同性愛，性同一性障害，インターセックスの当事者が語る人間の多様な性
セクシュアルマイノリティ教職員ネットワーク編著　明石出版　2003

★性同一性障害　性転換の朝（あした）
吉永みち子著　集英社新書　集英社　2000

上記の4冊の本は，新しい本ではありませんが，社会のセクシュアルマイノリティに対する対応の変遷を理解する上では参考になるでしょう．

★GID 実際私はどっちなの !?　性同一性障害とセクシュアルマイノリティを社会学！
吉井奈々・鈴木健之著　恒星社厚生閣　2012

10年以上も前に出版された本ですが，この時にこのような本が出版されていたことはとても意義深いことと思われます．セクシュアルマイノリティ当事者の吉井奈々氏と大学の先生の鈴木健之氏が二人で，鈴木氏の大学での講義をもとに書かれた本です．LGBTの本の中で私が感銘を受けた本の1つです．その理由の1つとして，本の内容が「明るい」のです．LGBT問題というとそれだけで堅苦しく感じることがありますが，吉井氏の前向きな気持ちから，この本の読者は力をもらえることでしょう．カジュアルな感じの本ですが，さらっと読んでおしまいということではなく，鈴木氏が社会学の立場から問題点をあげています．古い昔の話題の本とは思わず，読む価値のある名著として，この本を読むことを強く勧めます．私が，今回，本を書くという気持ちを強くしてくれた本です．なおGIDとはGender Identity Disorder，日本語で性同一性障害を意味します．

★先生と親のためのLGBTガイド　もしあなたがカミングアウトされたなら
遠藤まめた著　合同出版　2016

★LGBT　なんでも聞いてみよう　中・高生が知りたいホントのところ
QWRC・徳永桂子著　子どもの未来社　2016

★**LGBT ってなんだろう？　自認する性・からだの性・好きになる性・表現する性**
薬師実芳・笹原千奈未・古堂達也・小川奈津己著　合同出版　2019

★**図解でわかる 14 歳からの LGBTQ ＋**
社会応援ネットワーク著　太田出版　2021

★**セクシュアルマイノリティ　意識・制度はどう変化したか**
女も男も編集委員会　女も男も No.139，春・夏号　労働教育センター　2022

★**マンガでわかる LGBTQ+**
パレットーク著・ケイカ画　講談社　2021

上記 6 冊は，若い LGBT 当事者，親，教員向けのわかりやすい本です．もちろんマジョリティの人にも LGBT を理解するには好適な本であると思われます．

★**13 歳から知っておきたい LGBT ＋**
アシュリー・マーデル著　須川綾子訳　ダイヤモンド社　2017

タイトルには 13 歳から知っておきたい，とあるので平易な表現で LGBT が理解できる本かと思ったら，この本が英語の本の日本語訳のせいか，日本語の文章がとても難しく，13 歳の日本人が読むにはかなり難解です．また日本ではあまり使われていないカタカナ用語が多く，さらに注釈が 155 もあり，いずれも理解するのがかなり難しいと感じました．また本文中に「誰々（アメリカ人の名前）についてはこちらをご覧ください．http://bit.....」と URL がありますが，これらの情報はすべて英語の情報なので，13 歳の日本人の英語力では理解が困難でしょう．著者の言わんとすることはわかりますが，この著者が私のこの本を読んで，生物学の性の二元論はマジョリティについてであって，絶対的なものではない，ということを知ったら，著者のストレス，プレッシャーはぐっと減ったのではないかと思います．「全米で大絶賛」と本の帯に書かれていますが，ある程度の予備知識がないと，最後まで読み通すのに苦労すると思います．なお本書に「ジェンダー多幸感（gender euphoria）：ジェンダーが肯定されることで得られる幸福感や心地よさ」とありました．これは素晴らしいですね．

★LGBTを読みとく　クィア・スタディーズ入門
森山至貴著　ちくま新書　筑摩書房　2017

大学の社会学の先生が書いた学術書で，前半はLGBTについてわかりやすく説明されています．後半は，専門家向けで急に内容が難しくなります．理科系の世界にいる私にとっては，社会学者の書いた文章は難解で，何度も文章を読み直し，最後までたどり着くのにかなり時間がかかりました．

★トランスジェンダーを生きる　語り合いから描く体験の「質感」
町田奈緒士著　ミネルヴァ書房　2022

この本は著者の博士論文をもとにして書かれた学術書です．トランスジェンダーの当事者が，数名のトランスジェンダーにインタビューを行い，トランスジェンダーが社会の中でどのような感覚をもって生きているのか，ということを解析した専門書です．心理学を専門としない私にとっては，かなり難解な本でした．著者は，今回はトランスジェンダーの人々の体験に限って記述したとありますが，理科系の私にとっては対照群のない実験の結果が示されているように感じました．トランスジェンダー，シスジェンダー，ホモセクシュアル間の比較があれば，それぞれの体験の実感の違いを読者はより明瞭にとらえることができたのではないでしょうか．

★トランスジェンダーの心理学　多様な性同一性の発達メカニズムと形成
佐々木掌子著　晃洋書房　2017

この本も著者の博士論文をもとに書かれた学術書で心理学が専門ではない私にとっては難解な本でした．私は日本で出版されているすべてのセクシュアルマイノリティの本を読んだわけではありませんが，この本は唯一，私が読んだセクシュアルマイノリティについての本で，脳の性について記述をしている本でした．膨大な数の被験者のデータをもとに統計学的検定を行い，トランスジェンダーのことを心理学的に解析している本です．これまでの日本のトランスジェンダー研究の臨床は，「性同一性障害」とひとくくりにまとめられて解析がなされてきましたが，トランスジェンダーにも多様性があるということをデータによって示しています．またこれまでのジェンダー・アイデンティティの研究は，当時者の性的役割志向に基づいてなされていましたが，自己の性別のありように基づいてジェンダー・アイデンティティの尺度を設定し，ジェンダー・アイデンティティの測定，解析を試みています．このことは，これまでにはない，より生物学的な観点からの解析が可能となっているのではないかと私は推測します．なかでもシスジェンダーとトランスジェンダーのジェンダー・アイデンティティの違いは大変興味深い研究成果だと思いました．

★性別違和・性別不合へ　性同一性障害から何が変わったか
針間克己著　緑風出版　2019

★医療者のためのLGBT講座
吉田絵里子著　総編集　南山堂　2022

上記2冊は医師，医療関係者向けの本です．病院の医師がLGBTを正しく理解していないために当事者が不快な思いをした，医学部，看護学部においてLGBT関連講義を行っていることが少ないこと，などが書かれています．LGBTの人が，具合が悪くなったときにお医者さんが頼みの綱とならないという現状は緊急に改善すべき問題であると考えられます．上記2冊は医師，看護師および医療系の学部に所属する学生の必読の書であると思われます．

★LGBTヒストリーブック　絶対に諦めなかった人々の100年の闘い
ジェローム・ポーレン著・北丸雄二訳　サウザンブックス社　2019

アメリカにおけるLGBTの権利獲得の歴史について書かれた本です．日本とは異なるアメリカ的歴史を感じます．LGBT活動の戦い，勝利，などと何事も戦いで勝ち取るといったアメリカの国民性は，松浦大悟氏のいう「共感可能性をいかに広げていくかが重要」という考えとはずいぶん異なるように感じます．アメリカでは勝者が正義で敗者は悪になってしまうのでしょうか．松浦大悟氏の著書はあとで紹介します．表紙には「子どもから大人まで学べる1冊」とありますが，この本は子どもにはかなり難解だと思います．

★ケーススタディ　職場のLGBT
寺原真希子編著　ぎょうせい　2018

★LGBTをめぐる法と社会　谷口洋幸編著　日本加除出版　2019

★法律家が教えるLGBTフレンドリーな職場づくりガイド
LGBTとアライのための法律家ネットワーク（LLAN）著　法研　2019

★LGBT実務対応Q＆A　職場・企業，社会生活，学校，家庭での解決指針
帯刀康一編著　民事法研究会　2019

★LGBTとハラスメント
神谷悠一・松岡宗嗣著　集英社新書　集英社　2020

★虹色チェンジメーカー：LGBTQ視点が職場と社会を変える
村木真紀著　小学館新書　小学館　2020

★LGBT法律相談対応ガイド
東京弁護士会　LGBT法務研究部編著　第一法規　2017

★LGBTと労務
手島美衣・内田和利・長谷川博史著　労働新聞社　2021

★詳解LGBT企業法務
第一東京弁護士会司法研究委員会LGBT研究部会編　青林書院　2021

★LGBTはじめての労務管理対応マニュアル　実際の相談例をもとに解説
森伸恵著　労働調査会　2021

★LGBTQの働き方をケアする本　それぞれの個性に向き合うことで会社が良くなる
宮川直己著・内田和利監修　自由国民社　2022

上記11冊は，社会におけるセクシュアルマイノリティの職

場での対応について具体例をあげて法律の観点からの解説がなされています．学生，会社員に読むことを勧めます．世の中では家族，親族だけがかかわることが許される，という状況があります．たとえば，病院での重病患者への立ち合い，喪主，遺産相続などがあります．この場合，同性パートナーはどこまでかかわれるのか，といった解説もなされています．谷口洋幸氏が編著した本のあとがきに「人々が自分としての生き方を実現できる法と社会の在り方」と書かれていますが，このことに私は強く賛同します（憲法13条が保障する幸福追求権）．また立石結夏氏は，「従業員が，『自分らしく働くこと』は，従業員の人生を豊かにするものであり，従業員のモチベーション・能力の向上に繋がる結果，企業の業績・価値アップをさせることが期待できる」と述べています（詳解LGBT企業法務　第一東京弁護士会司法研究委員会　LGBT研究部会編　青林書院 2021）．

石橋達成氏によると，アメリカの公民権法では，「個人の人種，肌の色，宗教，性別（sex），出身国，を理由として，使用者が当該個人の採用を拒否もしくは採用しないこと，又は解雇すること，又はその他に雇用上の給与・処遇・権利の面で差別することは違法である」とのことです．法律の文言には「性別」とはありますが，「性自認」・「性的指向」とは書かれていません．しかし「性別」にこれらの2つの意味を含ませる傾向があるとのことです．また日本においてもその傾向がみられるとのことです（詳解LGBT企業法務　第一東京弁護士会司法研究委員会　LGBT研究部会　編　青林書院　2021）．

ここ数年（2018～2022）でこれだけたくさんのLGBTの職

場対応の本が出版されています．これはLGBTの理解が進んだというより，社会において多くの摩擦が生じてきた，ということではないでしょうか．法律が不十分でも，企業による価値観の変化が進み，摩擦が減ることを願います．

★自分らしく働くLGBTの就活・転職の不安が解消する本
星賢人著　翔泳社　2020

LGBT大学生の就職，若いLGBTの転職についてのアドバイスが書かれている本です．就活・転職では何が重要かということが丁寧に説明されています．LGBTでなくてもためになる本だと思います．

★はじめて学ぶLGBT　基礎からトレンドまで
石田仁著　ナツメ社　2019

著者は，生物学的性の多様性をもとに，社会における性の多様性という話のもっていき方は，おかしいのでは，ということを言っていますが，このことに私は共感します．生物学はマジョリティを扱う学問ですから，性の二元性という考えをとります．生物学には性の多様性という考え方はありません．本書で最初に説明したとおり，生物に生殖様式の多様性はあります．また本文にも書きましたが，地球環境問題のための生物多様性と社会における性の多様性はまったく別の問題です．この本には多岐にわたる内容が書かれていて，この1冊でLGBTについてのいろいろなことが学べます．しかし著者のあとがきにもあるとおり，可能な限り日本のLGBTについて網羅できる本とあり，逆にそれが個々の説明を不十分にした感じが否めません．文科系の著者にしてはめずらしく，生物学的な性についても説明を入れていることには，私はとてもうれしく感じましたが，肝心の心の性，すなわち脳の性について触れていないのはなんとも残念でした．

★★★LGBTの不都合な真実　活動家の言葉を100%妄信するマスコミ報道は公共的か
松浦大悟著　秀和システム　2021

この本を読んで私は強い衝撃を受けました．これまでにあげてきたようなLGBTの解説本ではありません．また会社，学校での対応策を説明する本でもありません．LGBT当事者である著者が日本で報道されない現状について著者の考えを含めて書かれたものです．ひとくちにセクシュアルマイノリティといっても，様々なイデオロギーがあるということを実感しました．生物学を専門とする私が，著者の意図をどれだけ理解しているかはまだ自信がありません．まだまだ繰り返し読み直す必要があると感じています．著者の考え方には賛否両論あると思いますが，ジェンダー，LGBTに関わる人々には是非読んでもらいたい本です．私が啓発を受けたいくつかの部分を紹介しておきたいと思います．長い文章の中から一部を切り取っているので，前後の脈絡が理解されずに曲解されてしまう可能性はありますが，そのことも覚悟で紹介します．この本を紹介することは，私がLGBTについて生物学的な説明をすることと同じくらい価値のあることであると私は考えています．

「リベラルな人たちの最大の勘違いは，自分たちが信じる『正義』を理論的に説明すれば相手は納得してくれると思っているところです．なぜなら正義の反対は悪ではなく，もう一つの正義だからです．リベラルが批判をする対岸にはもう一方の「当事者」がおり，もう一方の『正義』があるのです」

「LGBT 活動家と『普通』に暮らす LGBT 当事者との感覚のズレは近頃ますます大きくなってきています」

「トランスジェンダーの同性愛者嫌いやレズビアンのトランスフォビアもある」

「シスジェンダー女性がトランスジェンダー女性を排除する動きがある」

「日本を代表するフェミニストのひとりである某国立大学の教授は，いくつかの著書で何度も『私はホモセクシュアルを差別する』と宣言しています」

「彼ら（ゲイ）は福祉の対象になることを希望しているわけではなく，等身大の自分たちの姿をわかってもらいたいだけなのです．国に承認してもらいたいのはまさにその部分で，LGBT を『存在』として認めてもらいたいのです」

「あるゲイ当事者は『自分たちは被差別民ではない』と言います．『もし差別禁止の法律ができれば，国家が正式に LGBT は被差別民だと認めることになる．自分はそれには耐えられない』というのです」

「自分たちの価値観をぶつけ合っても意味はない．お互いが傷つけ合わずに生き延びるためには，共感可能性をいかに広げていくかが重要なのです．酒を酌み交わし，肩を抱き合いながら，『あんたが主張していることには反対だが，あんたがいい人だということはわかった』と言わせればしめたものだ」

この本を読んで昔の記憶がよみがえりました．今からもう何十年も前に，ラジオであるパーソナリティーの方々がコメントをしていました．「私たちはおかま*だけど同性愛ではない．

理解はしてくれとまでは言わないけれど存在は認めて」．

ゲイとトランスジェンダーの区別が曖昧だった時代に，自分のセクシュアリティを明言していました．またセクシュアルマイノリティは病気，あるいはそんなものはこの世に存在しない，という風潮のなか，とても意義のある発言だったと思いましたが，その意図がわかった聴取者は何人いたことでしょうか．

＊この言葉は，今は差別用語なので使えませんが，当時のコメントをそのまま再現させて頂きました．

★★★トランスジェンダーの原理　社会と共に「自分」を生きるために
神名龍子著　ポット出版　2022

この本は，松浦大悟氏の本と同様，私はこの本を多くの人に勧めます．トランスジェンダーの原理，というタイトルから私は生物学的な説明かと勘違いをしてしまいましたが，内容はトランスジェンダーに限定することなく，多くのことが学べる本です．マイノリティの問題解決方法は，これまでの「対立の時代」から「和解の時代」へと，その運動の在り方を変えていく必要がある，という著者の言葉は，日本の社会においてとても説得力のある考え方と思われます．アメリカにおける社会運動のように戦いをして権利を勝ち取る，という考え方とは異なるようです．また松浦大悟氏の考え方と共通性を感じます．この本についても私が啓発を受けたいくつかの部分を紹介しておきたいと思います．

「『性的少数者である自分たちの言葉を無条件に鵜呑みにして従え』という態度は傲慢だし，なんらよい効果を生み出さない．従来の社会運動の中には，そういう傲慢がいたるところに見られたのではないだろうか．そして，その傲慢こそがマジョリティの側の無理解と偏見を固定し続けてきたのではないだろうか」

「『マジョリティはマイノリティの要求を無条件に容れるべきであるが，マイノリティがマジョリティのために考える必要はない』というのは，特権要求以外の何ものでもない．そのような運動が『平等』や『人権』や『多様性』などの用語を唱えることは，欺瞞でしかない」

「『LGBT』あるいは『LGBTQ』などの名の下に行われる主張は，性的少数者の代表意見ではなく，単なる一部活動家の主張に過ぎないものに成り果ててしまった」

「私は性的少数者の役に立つ思想が必要だと思っているが，それが性的少数者『だけ』のための思想では意味がない．性的少数者が平等に扱われることは必要だが，性的少数者が特権的存在になってはならないのだ」

「自分にとって面白いと思えること（それが他人にとってつまらないと見えることでも）に出会えるならばとても幸運なことだし，それが『やりがいのある職業』でもよい．あるいは自分にとって楽しいことが趣味の分野で，その楽しみのために働くというのでもよい．どんな形であれ，人生に客観的な正解などはない」

「新しい問題に対して，様々な解決案が提案されるのはよい．しかしそれは争いや混乱を鎮めるために行われるのであって，様々な『正義』がぶつかり合い解決不能な争いを引き起こすのでは本末転倒である」

★トランスジェンダー問題　ー議論は正義のためにー
ショーン・フェイ著　高井ゆと里・清水晶子訳　明石書店　2022

この本は，イギリスのトランスジェンダーの社会的問題について書かれた本です．著者はイギリス人のトランスジェンダー女性です．アメリカでは，物事を戦いで勝ち取るということがよく行われますが，イギリスのような伝統を重んじる国では，人々の考え方は保守的なようで，新しい社会的動きはアメリカのようにはいかないようです．日本も伝統を重んずる保守的な国ですが，社会的なことはアメリカの顔色をうかがいながら変化する，といったところでしょうか．これまでに紹介したアメリカの本の日本語訳，日本人によって書かれたものとは，だいぶ雰囲気が異なりました．けっしておもしろい本ではなく，辛く，悲しくなることが書かれています．イギリスではセクシュアルマイノリティが職に就けずにホームレスになることが多いとのこと．またセクシュアルマイノリティが社会的に迫害を受ける国からイギリスに移民として来た当事者は，セクシュアルマイノリティ，人種差別の二重の差別を受けるということ．仕事に就けないセクシュアルマイノリティの多くがセックスワーカーとして生活をしていること，などが解説されています．また一部のシスジェンダー女性のグループは，性別を身体の性に重きを置き，ジェンダー・アイデンティティ（性自認，心の性）をあまり考慮しないようです．まだこのような女性たちは，トランスジェンダー女性を女性とみなさない，という考えをもつようです．こういう考え方をもつシスジェンダー女性からのトランスジェンダー女性への嫌悪，社会的排除，といったトランスジェンダー女性にとって苦しい状況が生じているとのことです．身体の性より，心の性を重要視するという考えは，世界ではまだ少数派なのかもしれません．

この他にもセクシュアルマイノリティについての解説の本，社会的対応方法の本，当事者が書いた数多くの本が出版されていいます．インターネットで調べてみてください．私の仕事が遅く，この本の出版にもたついている間に３冊の興味深い本が出版されました．その３冊を紹介しておきます．また吉井奈々氏，鈴木健之氏の新しい本も併せて紹介しておきます．

★差別は思いやりでは解決しない　ジェンダーやLGBTQから考える
神谷悠一著　集英社新書　集英社　2022

★トランスジェンダー入門
周司あきら・高井ゆと里著　集英社新書　集英社　2023

★トランスジェンダーと性別変更　これまでとこれから
高井ゆと里著　岩波ブックレット　岩波書店　2024

★相手も自分も大切にするコミュニケーション＋社会学
吉井奈々著，鈴木健之解説　晃洋書房　2018

吉井氏と鈴木氏の本はLGBTの解説書ではありません．これまで重要かつ深刻な問題を扱った本を紹介してきましたが，最後に皆様の心を前向きに，明るくする本を紹介して「本の紹介」を終わりたいと思います．この本の著者は最初の方に紹介した本『GID実際私はどっちなの!?　性同一性障害とセクシュアルマイノリティを社会学！』の著者である吉井奈々氏と鈴木健之氏です．トランスジェンダー女性として活躍する吉井氏，大学教授の鈴木氏がコミュニケーションについて読者に語りかけています．この本には「違い」を知るということは，

「違い」を否定することではなく，「違い（多様性）」を尊重することができるようになることです，とあります．また「普通」というのは危険なモノサシです，ということも書かれています．LGBT のことは別として，コミュニケーションの重要さは普遍的な重要さですね．納得です．

第13章　誰がどこでLGBTQ +について教えるの？

私は20年以上にわたり，LGBTQ+ の生物学的な説明を大学で行ってきました．しかし，ほとんどの学生はこういう内容を学校では習わなかったと言います．日本の文部科学省の小，中，高校生への性についての保健体育の指導要領（2017年）を見てみると，LGBTQ+ は含まれていません．

chrome-extension://efaidnbmnnnibpcajpcglclefindmkaj/https://www.mhlw.go.jp/content/11121000/000838180.pdf

一方，東京都の教員向けの手引き（2016年）には，参考資料として「性同一性障害等に係る児童・生徒に対するきめ細かな対応について」という項目があります．

chrome-extension://efaidnbmnnnibpcajpcglclefindmkaj/https://www.kyoiku.metro.tokyo.lg.jp/school/content/files/about/text_kiso.pdf

このような現在の状況下では，日本国民は性の多様性についての正しい科学的知識を学ぶことはできません．それでは誰が，どこで，誰に，このことについて教えるべきでしょうか？

この原稿を書いている最中に，日本では2023年6月23日に次のような法律ができました．

法律第六十八号

性的指向及びジェンダーアイデンティティの多様性に関する国

民の理解の増進に関する法律

https://www8.cao.go.jp/rikaizoshin/index.html

この法律では，性的指向，性自認の多様性の理解を増進しようと言っていますが，それではそのために誰が（どのような団体が），このことを実行するのか，ということが問題になります．条文を見ていくと，「国」，「地方公共団体」，「事業主」，「学校」が努めるものとする，という表現になっています．この法律ができて，学校のカリキュラムに何らかの変化があればよいと思いますが，それでは具体的に「誰が」ということが問題になります．

生物学の分野の先生が中学生，高校生，大学生に教える？　保健体育の分野の先生が中学生，高校生，大学生に教える？　大学の医学部，医療系学部，医療系専門学校の先生が大学生，生徒に教える？　本書では基礎科学と応用科学の違いについてコラム11で簡単に述べましたが，生物学は，遺伝子，細胞，動物，植物，生態系まで扱う基礎科学で，社会との関連には重きを置きません．したがって生物学の先生にLGBTQ+のことを指導してもらうのはかなり無理があるかと思います（私は例外です．私はもともと応用科学の分野の出身ですから）．応用科学の分野でヒトについて扱うのは，医学，医療系，保健体育学の分野かと思われます．大学の医学部，医療系学部および医療系専門学校ではぜひLGBTQ＋についての科学的知見を教えてほしいと思いますが，この場合，対象は大学生，専門学校生で，対象が限定されてしまいます．けっして消去法ではありませんが，やはりヒトの健康および性（多様性を含めて）についいては，保健体育の先生が担うべきではないかと私は考えています．先日，ある体育学の学会で，招待講演としてこの本の内容を話しました．そして講演の最後に，「この内容は高校，大学のどの科目で話されるべきだと思いますか？」，「保健体育の講義ではないですか？」と尋ねたところ，聴衆の保健体育の先生方は皆，困惑した表情をしていました．現在，文部科学省は大学での体育実技，体育講義（保健講義）のどちらも必修科目から外しています．また大学によってはどちらも必修科目としている大学もあります．保健体育というのは，けっして体育，スポーツを扱っていればよいわけではなく，ヒトの健康に関わる性について，科学的にかつ社会学的に指導する分野ではないでしょうか．特に保健体育の分野の先生は，現在，体育実技の水泳，スポーツ競技の出場資格などの点で，トランスジェンダー，DSDs の学生，選手をどう扱うかを考えざるを得ない状況に来ています．また保健体育の先生が性の多様性について教えることが重荷であるようであれば，「養護教諭」の先生，いわゆる保健室の先生が，1 年に 1 回，生徒，学生に講義をするのはどうでしょうか．

いずれにしても，ヒトの性の多様性について正しい生物学的な知識を学校，大学で説明し，すべての日本国民がこのことを共有すべきであると私は思っています．そして社会における差別がなくなることを願っています．

おわりに

いかがでしたか？　性の多様性を生物学的，医学的，科学的に理解すること，特に脳の理解が重要であることをおわかり頂けたでしょうか．本書でウィリアム・レイナーという小児科医の言葉を引用しましたが，「最も重要な性的器官は，生殖器ではなく，脳である」（コラム5）ということに私はまったく同感します．個人の性を決めるのは，その人の生殖腺，生殖器でもなく，他人でもなく，その人の個人の脳なんです．この本の出版により，セクシュアルマイノリティへの差別が少しでも減ることを望んでいます．

謝　辞

本書を出版するにあたり，下記の方々から有益なコメントを頂きました．謹んで感謝の意を表します．

国際基督教大学教員の皆様，学生の皆様，東京都立富士高等学校・附属中学校統括校長の勝嶋憲子氏，東京都立富士高等学校の関係者の皆様，スポーツライターの本條強氏，金融コンサルタントの河西郁宏氏，中野区議会議員の石坂わたる氏．

また本書の出版にあたり，原稿の校閲，編集，内容についてのコメントをしてくださった恒星社厚生閣の小浴正博氏に心より感謝申し上げます．

著者略歴

小林牧人（こばやし　まきと）

1956 年生.
東京大学農学部水産学科卒，同大学院博士課程修了．農学博士.
カナダ・アルバータ大学研究員，東京大学農学部水産学科助手・助教授，国際基督教大学準教授・教授.
現在：国際基督教大学特任教授.
専門：魚類生理学，行動学，保全学，環境科学
日本動物学会奨励賞，日本水産学会進歩賞，日本水産学会論文賞，神奈川体育学会最優秀論文賞.
都立富士高校アメリカンフットボール部スタリオンス卒，東京大学アメリカンフットボール部ウォリアーズ卒，スポーツメンタルコーチ.
主な著書：
・小林牧人・小澤一史著　ヒトにおける求愛・性行動と脳の性（小林牧人・小澤一史・棟方有宗編「求愛・性行動と脳の性分化」）2016　裳華房
・小林牧人・上出櫻子・北川忠生・岩田惠理著　野生メダカの繁殖生態と保全　―メダカはどこで卵を産むか？―（棟方有宗・北川忠生・小林牧人編「日本の野生メダカを守る　正しく知って正しく守る」）2020　生物研究社
・小林牧人・藤沼良典著　理系研究者がハッピーな研究生活を送るには　2021　恒星社厚生閣
・小林牧人著・小澤一史監修　ファンタジーな生物学　2023　恒星社厚生閣

監修者略歴

小澤一史（おざわ　ひとし）

1958 年生
東京慈恵会医科大学卒，群馬大学大学院医学系研究科，群馬大学内分泌研究所助手，医学博士，フランス・国立科学研究所客員研究員，京都府立医科大学講師・助教授，日本医科大学大学院教授・名誉教授.
現在：佛教大学保健医療技術学部教授
専門：神経解剖学，神経内分泌学，神経生物学
日本臨床電子顕微鏡学会研究奨励賞，成長ホルモン協会研究奨励賞，日本電子顕微鏡学会会長賞，日本組織細胞化学会学会賞（高松賞），国際科学誌「Peptide」Olson 賞，日本神経内分泌学会学会賞

LGBTQ+ 性の多様性はなぜ生まれる？

—生物学的・医学的アプローチ—

2024年5月30日　初版発行

著　者　小林牧人
監修者　小澤一史
発行者　片岡一成
発行所　恒星社厚生閣
〒160-0008　東京都新宿区四谷三栄町 3-14
電話 03-3359-7371　FAX 03-3359-7375
http://www.kouseisha.com/

定価はカバーに表示してあります

印刷・製本　㈱ディグ

ISBN978-4-7699-1698-7